U0162510

引力
爱因斯坦的时空二重奏

[美] 徐一鸿（A. Zee）著

李轻舟 译

科学出版社

北京

内 容 简 介

爱因斯坦的引力论是 20 世纪物理学最辉煌的成就之一，亦是人类思想史上一座不朽的里程碑。作者以引力波的发现为楔子，上溯历史渊源，扎根物理思想，举重若轻，提纲挈领，将爱因斯坦引力论的恢宏体系娓娓道来，从源远流长的经典物理相关分支延伸向黑洞、霍金辐射、量子引力、暗物质和暗能量等当代理论物理及宇宙学的前沿课题。本书乃亲历物理学白银时代的资深理论物理学家对引力与时空这一深刻主题的鸟瞰式剖析，是为有志深入探索的读者指示线索的知识门径。

图字：01-2018-7823 号

图书在版编目 (CIP) 数据

引力：爱因斯坦的时空二重奏 / [美] 徐一鸿（A. Zee）著 李轻舟 译 .
— 北京：科学出版社，2021.3

ISBN 978-7-03-064655-2

Ⅰ. ①引⋯ Ⅱ. ①徐⋯②李⋯ Ⅲ. ①相对论 Ⅳ. ① O412.1

中国版本图书馆 CIP 数据核字 (2019) 第 115090 号

责任编辑：徐 烁 王亚萍 / 责任校对：杨 然
责任印制：师艳茹 / 封面设计：知墨堂文化

科 学 出 版 社 出版

北京东黄城根北街 16 号
邮政编码：100717
http://www.sciencep.com

三河市春园印刷有限公司 印刷
科学出版社发行 各地新华书店经销

*

2021 年 3 月第 一 版 开本：880×1230 1/32
2021 年 3 月第一次印刷 印张：7
字数：128 000

定价：58.00 元

（如有印装质量问题，我社负责调换）

献 给

所有传授我引力知识的人

爱因斯坦的引力论是 20 世纪物理界最辉煌的成就之一，众所公认。在经过一百年的等待后，当初最为惊人的预测——时空的经纬既能波动又会"唱歌"，而今已从观测上得到证实，历史性地揭开了我们人类探索宇宙的新时代！

在本书中，我讲述了这一划时代事件的令人兴奋和期待之处，更试着解释这个聪明绝顶、曼妙绝伦的基础理论，探寻爱因斯坦是如何敢于使用美丽又深奥的论述来表达时空真正本质的。

这本书的原英文版于 2017 年由美国普林斯顿大学出版社推出，后陆续翻译出版了意大利语、捷克语、土耳其语等版本。我对于土耳其语的版本感到颇为好奇，因在其封面上，除了我自己的名字外，我无法看懂或猜测任何一个字。现在，令我开心的是这本书将以中文简体版面世！能用中文和读者亲近互动，这让我感到骄傲和荣幸——我在中国出生，说着地道的上海话，我的科普书（如《可怕的对称》《可畏的对称》《老人的玩具》）和教科书（如《量子场论》）均发行了中文简体版。这份特殊的情感深藏于我个人心底。

我要特别感谢潘颖女士，她的引荐使得我的书和科学出版社结缘。关于本书的译者李轻舟先生，我听闻了他在语言方面的天赋，为此感到荣幸。这个年轻有为的团队，认真努力地在这本书和它的中国读者之间搭建了一座桥梁，功不可没。当然，如没有我的妻子王家纬，这座桥恐怕也难以扎实稳固，我感谢她！

我非常喜欢这本书的封面，尤其是爱因斯坦骑着脚踏车时的神情。巧合的是，这张照片拍摄于美国加州圣巴巴拉（Santa Barbara），正是我的居住地。

徐一鸿

2019 年 12 月 18 日

目录 | Contents

| 前　言 |

我曾撰写过一本有关爱因斯坦引力论的大部头教科书，全名为《简明爱因斯坦引力论》（*Einstein Gravity in a Nutshell*），以下简记为《简论》（*GNut*），亚马逊平台上的一位网友刺激了我，他打趣说自己喜欢这本书，却不得不找个朋友来帮他扛（真是个虚弱的家伙！难道物理专业的学生们不再去体育馆了吗？把我大学时代必修的体育课还回来！）。当然，那本书的分量[1]反映了它所涵盖主题固有的美妙与重要。

总之，在对英格丽德·格纳利希（Ingrid Gnerlich，与我长期合作的普林斯顿大学出版社编辑）哀叹一番之后，我转而想到要写一本小书以求改观。我觉得，既然自己已经为爱因斯坦的引力论做了一通长篇大论，亦可顺势为之写一本小册子。

我还在1989年出版过一本关于爱因斯坦引力论的通俗作品，题目为《老人的玩具》（*An Old Man's Toy*），后来再版更名为《爱因斯坦的宇宙：无处不在的引力》[①]（*Einstein's Universe:Gravity*

---

① 清华大学出版社于2013年引进出版时，将该书中译本定名为《爱因斯坦的玩具：探寻宇宙与引力的秘密》。——译者注

at Work and Play），以下简记为《玩具》（*Toy*）。故而，我以为这本书介于《玩具》和《简论》之间。

撰写本书的一个动机是帮助人们弥合有关爱因斯坦引力论的通俗作品和教科书之间的鸿沟。你尽可以阅读通俗作品，无论读多少本也是枉然，但是你若想要对爱因斯坦的引力论有一番真正的领悟，啃下一本严肃的教科书是不可避免的。从我收到的邮件可知，许多人有意跨越这条鸿沟。所以，请把这本书视作通向《简论》的一块垫脚石。

实际上，爱因斯坦的引力论对数学的要求远低于量子力学。我把涉及的一些数学内容（主要是用来描述弯曲时空的）放到附录里。该附录提供了一个很好的评估标准。如果你可以从容地通览其中内容，那么你就准备好应战《简论》了。

另一方面，如果你不想贯通附录内容，仍可以将这本书当作一部通俗作品来欣赏，它的知识水准略高于标准的爱因斯坦引力论的普及性作品。

居于《玩具》和《简论》之间，我觉得我能在一些阐释中提供更简略点的概述。使这些概述得以充实的办法需要更多的数学，而非更多的文辞。我一直鼓励有意愿的读者参阅《简论》中更深入的细节。

在我签下本书出版合同一周之后，引力波被检测到了。因此，本书自然始终要围绕引力波展开。我所不为者，即通篇详述探测仪器和观测方案，这不是因为我认为其不重要，而是那些参与设计、架设及实际检测的亲历者所提供的第一手资料才是最好的。

　　反之，我关注的焦点在于爱因斯坦理论的概念架构上，当然还有它的美妙，这也和我的角色是协调的——归根结底，我是一位理论物理学教授。没办法，我不得不割舍掉几个主题。例如，读者将会发现我没有提及爱因斯坦引力论的三次经典验证，也不曾提到亚瑟·爱丁顿（Arthur Eddington）[2] 这样的人物，他通过观测遥远星光在引力场中的弯曲推动普罗大众关注这个新理论。但是，我确实谈论了法拉第（Faraday）、麦克斯韦（Maxwell）和赫兹（Hertz），因为我想要强调作为理论物理学基础概念的场、波和作用量。有我们周遭的电磁波作先例，我们自然会被引向引力波，至少事后看来是如此。对这样一本小册子，我理应去粗取精。

致谢

　　我再次对英格丽德·格纳利希深表感谢，她经手了我在普林斯顿大学出版社出版的所有作品。不仅感谢她提出的所有好建议，还要感谢她将手稿托付于同我长期合作的文字编辑赛德·威斯特莫兰（Cyd Westmoreland）之妙手。我还要感谢卡伦·卡特（Karen Carter）、克丽丝·费兰特（Chris Ferrante）和亚瑟·维尔内克（Arthur Werneck）。和我其他所有作品一样，国本克雷格（Craig Kunimoto）耐心地助我驯服电脑亦是不可或缺的。我在巴黎完成了这本书，非常感激亨利·奥兰（Henri Orland）为我愉快而卓有成效的勾留所付出的一切努力。我要感谢萨克雷研究中心（the research center at Saclay）和巴黎高等师范学校（École Normale Supérieure）的殷勤好客，以及让－菲利普·布绍（Jean-Philippe Bouchaud）通过巴黎高师基金会资助我的访问职位。自不必说，一如既往，我感谢拙荆王家纬(Janice)的支持。顺便说一句，交稿之后，我前往以色列开启一次讲座之旅。在耶路撒冷的希伯来大学（Hebrew University in Jerusalem），我有机会参访了爱因斯坦档案馆。对一位理论物理学家来说，得见爱因斯坦亲笔手书[3]之爱因斯坦引力论，近乎一种宗教朝圣般的体验。

| 人物生卒年表 |

伽利略·伽利雷
Galileo Galilei
1564–1642

勒内·笛卡儿
René Descartes
1596–1650

皮埃尔·费马
Pierre Fermat
1601 或 1607/08?–1665

罗伯特·胡克
Robert Hooke
1635–1703

伊萨克·牛顿
Isaac Newton
1642/43–1726/27

埃德蒙·哈雷
Edmond Halley
1656–1742

莱昂哈特·欧拉
Leonhard Euler
1707−1783

约翰·米歇尔
John Michell
1724−1793

约瑟夫·路易·拉格朗
日伯爵
Joseph Louis, Comte de
Lagrange
1736−1813

皮埃尔－西蒙·拉普拉
斯侯爵
Pierre−Simon, Marquis
de Laplace
1749−1827

托马斯·杨
Thomas Young
1773−1829

迈克尔·法拉第
Michael Faraday
1791−1867

赫尔曼·路德维希·费
迪南·冯·亥姆霍兹
Hermann Ludwig
Ferdinand von
Helmholtz
1821−1894

伯恩哈德·黎曼
Bernhard Riemann
1826−1866

詹姆斯·克拉克·麦克
斯韦
James Clerk Maxwell
1831−1879

瓦萨罗斯纳梅尼的
罗兰德·厄缶男爵
Baron Loránd Eötvös
de Vásárosnamény
1848–1919

亨德里克·洛伦兹
Hendrik Lorentz
1853–1928

海因里希·鲁道夫·赫兹
Heinrich Rudolf Hertz
1857–1894

大卫·希尔伯特
David Hilbert
1862–1943

赫尔曼·闵可夫斯基
Hermann Minkowski
1864–1909

卡尔·史瓦西
Karl Schwarzschild
1873–1916

詹姆斯·金斯
James Jeans
1877–1946

阿尔伯特·爱因斯坦
Albert Einstein
1879–1955

弗里兹·茨维基
Fritz Zwicky
1898–1974

约翰·阿奇博尔德·惠勒
John Archibald Wheeler
1911 – 2008

理查德·费曼
Richard Feynman
1918 – 1988

约瑟夫·韦伯
Joseph Weber
1919 – 2000

薇拉·鲁宾
Vera Rubin
1928 – 2016

序章 | 寰宇之歌 |

◖些许微弱的音符

漫长的等待终于、终于结束了，我们这些地球上的人类共同聆听到了寰宇之歌①。是的，自生命从原始的淤泥中初露行迹，仅仅几十亿年之后，我们这类有点儿坏又带点儿机灵的物种，现在就能自豪地宣称我们已然探测到了时空的涟漪。

我们现在已经跻身那些与寰宇之歌相和谐的文明俱乐部。令人印象特别深刻的是，这距第一次理解引力也只过了几百年，彼时物理学家将亚里士多德学派"苹果要回家"的迷思弃之如敝屣。

爱因斯坦再次大获全胜。

◖两个黑洞盘旋着奔向最后一次相拥

在幽暗空间深处的寂静中，距离我们 13 亿光年的两个黑洞

---

① 指科学家于 2016 年 2 月 11 日宣布"探测到引力波的存在"。

宿命般地互相吸引。它们越靠越近，盘盘困困，彼此相拥，迅速融合成一个单独的黑洞。在这个过程中，它们以引力波爆发的形式辐射出巨大的能量。

因此，这种特别的引力波爆发，奔向四面八方，广布寰宇，非常像一颗石子儿落入池塘激起四散的环状波纹。那是13亿年前，远远早于恐龙的出现[1]，那时候，人类不过是一只熟睡的三叶虫的梦中幻景。

一个又一个世代过去了，那群引力子[2]以光速跨越了近乎不可捉摸的浩瀚宇宙，离地球越来越近。它们于2015年9月14日抵达我们的世界，被两台硕大的探测器检测到，这两台探测器长达千米且配备了人类技术可及的最精密的尖端仪器，一台在路易斯安那州的利文斯顿（Livingston, Louisiana），另一台在华盛顿州的里奇兰（Richland, Washington）。[3] 这两个位置相距很远，以毫秒级的时间差检测到了脉冲信号。恰如你凭声音到达两耳的细微时间差就可以确定声源的方向，物理学家依据这毫秒级的时间差可以大致定位两个已融合的黑洞的方向。

◖时空活了起来

1915年，随着这些特别的引力子逼近地球——距离13亿年之后的那一刻，只剩下一百年了！—— 一位名叫阿尔伯特·爱因斯坦（Albert Einstein, 1879—1955）的地球人终于完成了他的引力理论，该理论也被称为广义相对论。他震撼了物理学界，实际上宣告了没有引力，只有弯曲的时空。

物理学家们领会了一个惊天秘密：我们所谓的引力皆关乎时空与能量之间的"舞蹈"，一个弯过去又弯过来，另一个跑到这里又跑到那里。时空与能量跳了一支双人舞：一切形式的能量，譬如你我，概莫能外。

能量即物质，而物质即能量，就像爱因斯坦早在 1905 年的狭义相对论里教给我们的那样：$E = mc^2$，这肯定是整个物理学中最著名的公式[4]！

故而，我们早就了解时空可以弯曲。由此可知，时空还可以波动。一个接着另一个，这没有逃过爱因斯坦的法眼。转年①，到了 1916 年，他发表了一篇论文[5]，指出引力波的存在。

◀ 波动与刚性

波动就在我们周遭。用汤匙敲敲一大块果冻，你就会看到穿过它的波动。风掠过海面，令水波动连绵。歌手的声带压缩空气，声波向外传播。任何可压缩的介质都能波动。

假设有一根长金属杆，敲击其一端。如果只是轻微地敲击，

---

① 两年后，当爱因斯坦 39 岁时，他哀叹衰老的后果："才智已然衰退，但赫赫声名仍笼罩在钙化的躯壳上。"

那一端原子的规则排列被压缩了。片刻间,原子反弹回它们的固有位置,沿线推挤它们的近邻,使之依次被压缩。因此,信息以压缩波[①]的形式沿杆传送。原子们嚷嚷道,"快传下去:有人敲了杆的一端。"

波动传播的速度取决于弹性,或是相反但等效的刚性。杆的刚性越强,波的运动越快。你可以将刚性理解为对原子反弹回原位的急切程度的度量。

理论物理学家琢磨事物,就爱推向极端。假设有一根无限刚性的杆。那么根据定义,当你敲击其一端,整根杆作为一个整体运动,杆一端被敲击的信息瞬间便被传送到了另一端。但你会记起,在爱因斯坦的狭义相对论中,能量和信息的运动速度不能超过光速 c[②]。由此可知,无限刚性的杆在物理学中是不可接受的。

---

① 也叫纵波。——译者注

② 我已经在上文中用过字母 c,但没说它是什么。顺便说一下,c 代表 *celeritas*(拉丁文中的"迅速")。这个符号记法最早是韦伯(Wilhelm Eduard Weber)和克劳希(Friedrich Wilhelm George Kohlrausch)在 1856 年引入的,远早于阿尔伯特·爱因斯坦的出生。顺便说一下,"*celeritas*",作为拉丁文,与"*celery*"(芹菜)无关,后者源自希腊文中的"*parsley*"一词。同时,"*Kohl*"在德文中意为"*cabbage*"(即"甘蓝",常被德国人用于制作酸菜 Kraut,而 Kraut 有时也作对德国人的贬称。——译者注)。

‖ 最后一个倒下的刚性实体

这一点对我们稍后的探讨至关重要，因为牛顿的时空是绝对刚性的。按照牛顿的学说（如我们之后会看到的，我在这里对这位伟人的谈论并不公正），引力是瞬间传递的。

由此可知，一旦爱因斯坦宣称时空是弹性的而非绝对刚性的，引力波便是必然的了。这就是为何理论物理学家中压倒性的多数⁶一直坚信引力波的存在。

在日常用语中，波和刚性碰撞是通俗易懂的。波动起伏——想想肚皮舞——都是有关柔韧灵活的，难以想象一个呆板严肃的人会翩翩起舞。

可将时空理解为经典物理学中最后一个倒下的刚性实体。

‖ 有时一个在前，有时另一个在前

在历史性地宣告时空柔到足以维持波动之后，一位记者问道，为什么爱因斯坦这么有先见之明，可以遥遥领先于实验家。这是个好问题，但更准确的问法是为什么在这种情况下实验远远落后于理论。[1]在物理学中，有时理论领先于实验，有时则反过来。在理想情况下，二者一道稳步前进，推动物理学的进步。

---

① 后面我们还会谈到这个问题。

罕见的是，二者间的差距竟达百年之久[7]！

一个世纪以来，惊人的技术进步是探测引力波所必需的。其原因，如我们将会看到的，即引力波到达地球时已变得微弱至极。为了理解何以至此，我们需要领会，不管我们的日常经验如何，引力总是极其微弱的。这一事实会在接下来的两章里得到解释。

◀ 你说成 gravitational wave，我道是 gravity wave

你或许以为这些靠引力生成的波会被称为 gravity wave，呜呼，造化弄人：早在爱因斯坦出场之前，那些池塘和海洋里的水波就被叫作 "gravity waves"[①]了。波峰中多余的水会被地球引力拉低以填补邻近的波谷，超出的水又将波谷变成了波峰，波因此向前传播。其中的物理完全是牛顿式的，也是很清晰的。

因此，物理期刊和教科书[8]将我们正在谈论的这类波称为 "gravitational wave"。在 1918 年的论文中[9]，爱因斯坦使用了 "Gravitationswellen"。参见本章附图。

我很好奇，普及性的物理学书籍会用哪一个术语。我看了一本[10]，发现作者两个都在用，有时就出现在同一页上。后来，我翻阅了自己有关爱因斯坦引力论的通俗作品[11]，惊讶地发现我用

---

① 在大气科学和海洋科学中，"gravity wave" 会被译成"重力波"，表示重力作用下大气或水体的波动。——译者注

的是"gravity waves"。鉴于美国人[12]热衷于缩略眼前的一切，我丝毫不怀疑"gravity wave"会赢得最终的胜利。毕竟，相较而言，只有一小部分物理学家还对水波感兴趣。

我还对物理学界之外的知识分子做过一次非正式的民意调查。大家都偏好"gravity wave"，而非"gravitational wave"。

在本书中，我会使用术语"gravity wave"，偶尔也会引入"gravitational wave"。

Über Gravitationswellen.

Von A. Einstein.

(Vorgelegt am 31. Januar 1918 [s. oben S. 79].)

Die wichtige Frage, wie die Ausbreitung der Gravitationsfelder erfolgt, ist schon vor anderthalb Jahren in einer Akademiearbeit von mir behandelt worden[1]. Da aber meine damalige Darstellung des Gegenstandes nicht genügend durchsichtig und außerdem durch einen bedauerlichen Rechenfehler verunstaltet ist, muß ich hier nochmals auf die Angelegenheit zurückkommen.

Wie damals beschränke ich mich auch ·hier auf den Fall, daß das betrachtete zeiträumliche Kontinuum sich von einem »galileischen« nur sehr wenig unterscheidet. Um für alle Indizes

$$g_{\mu\nu} = -\delta_{\mu\nu} + \gamma_{\mu\nu} \qquad (1)$$

setzen zu können, wählen wir, wie es in der speziellen Relativitätstheorie üblich ist, die Zeitvariable x_4 rein imaginär, indem wir

$$x_4 = it$$

setzen, wobei t die »Lichtzeit« bedeutet. In (1) ist $\delta_{\mu\nu} = 1$ bzw. $\delta_{\mu\nu} = 0$, je nachdem $\mu = \nu$ oder $\mu \neq \nu$ ist. Die $\gamma_{\mu\nu}$ sind gegen 1 kleine Größen, welche die Abweichung des Kontinuums vom feldfreien darstellen; sie bilden einen Tensor vom zweiten Range gegenüber Lorentz-Transformationen.

§ 1. Lösung der Näherungsgleichungen des Gravitationsfeldes durch retardierte Potentiale.

Wir gehen aus von den für ein beliebiges Koordinatensystem gültigen[2] Feldgleichungen

$$-\sum_{\alpha} \frac{\partial}{\partial x_\mu}\begin{Bmatrix}\mu\nu\\\alpha\end{Bmatrix} + \sum_{\alpha} \frac{\partial}{\partial x_\nu}\begin{Bmatrix}\mu\alpha\\\alpha\end{Bmatrix} + \sum_{\alpha\beta}\begin{Bmatrix}\mu\alpha\\\beta\end{Bmatrix}\begin{Bmatrix}\nu\beta\\\alpha\end{Bmatrix} - \sum_{\alpha\beta}\begin{Bmatrix}\mu\nu\\\alpha\end{Bmatrix}\begin{Bmatrix}\alpha\beta\\\beta\end{Bmatrix}$$
$$= -\varkappa\left(T_{\mu\nu} - \frac{1}{2}g_{\mu\nu}T\right). \qquad (2)$$

[1] Diese Sitzungsber. 1916, S. 688 ff.
[2] Von der Einführung des »λ-Gliedes« (vgl. diese Sitzungsber. 1917, S. 142) ist dabei Abstand genommen.

■ 爱因斯坦 1918 年论文的标题页

1

第一篇

ON GRAVITY

第 1 章
四种相互作用间的友谊赛

▌物质与驱动它的力

为了讲引力波的故事,让我们先走马观宇宙。物质是由分子构成的,而分子则以原子为基石。①在一个原子中,电子绕原子核旋转,原子核则由质子和中子构成,二者被统一称作核子。组成核子的是夸克。这就是我们所知的全部。②

宇宙间还容纳有暗物质和暗能量(详见第 18 章)。事实上,以质量计,宇宙的组成中有 27% 是暗物质,68% 是暗能量,而寻常物质只占 5%。按一级近似,宇宙可以被视作暗物质与暗能量之间一场史诗级的壮丽斗争。[1] 我们所知的,所爱的,以及我们自身都是由无关紧要的物质构成的。不幸的是,时下我们对宇宙的暗面知之甚少。

---

① 物理学家使用的"分子"(molecules)往往是个概称,实际上物质还可由阴阳离子构成,有的物质形态甚至是由原子直接构成的。——译者注
② 夸克和电子是否是极小的弦片段,这是一种耐人寻味的可能性,但在目前纯属揣测。

我们知道这些粒子间有四种基本力。当粒子进入彼此的邻近区域时，它们会相互作用①，即相互影响。这四种力分别被称为引力、电磁相互作用、强相互作用和弱相互作用，以下是一个概略的总结。

引力（G）：引力会防止你飞起来②一头撞上天花板。

电磁相互作用（E）：如果你住在一栋公寓楼里，电磁相互作用③会阻止你从地板穿下去顺道拜访你的邻居。④

强相互作用（S）：强相互作用导致太阳白送我们光和能量。

弱相互作用（W）：弱相互作用会阻止太阳在你面前爆炸。

我不会记得，但可以推测，应该是浮力⑤让母亲子宫里的我们察觉不到引力。①然而，一旦出世，你就会感知到引力，尤其

① "相互作用"（interact）是物理学中的一个专业术语，就像"能量"（energy）、"动量"（momentum）和"质量"（mass）。
② 你是知道的，地球在 24 小时内自转超过 24000 英里（1 英里 =1.60934 千米），这得有多快！任何一个学过点儿物理的人都可以计算出离心加速度是多少。
③ 在宏观上表现为弹力，具体到该情境中，即地板对你的支持力。——译者注
④ 再算上许多别的好处。电磁相互作用将原子聚集到一起，支配光波与无线电波的传播，引发化学反应，还有最后但同样重要的是，阻止我们穿墙而过。
⑤ 这事实上是一个由引力衍生出来的力，你周围的流体通过向低处汇集来争取更好的态势。

是产科医生拎着你的脚踝将你倒悬的时候。随后，猛然拍在你屁股上的那一巴掌使得你哇哇啼哭并睁开双眼，因此见识了电磁相互作用。

▍只有四种力！

这个世界似乎到处都是神秘的力和相互作用。难道就只有四种吗？

当你蹒跚学步时，你的头撞到了一件硬物上。这背后的理论为何？好吧，鉴于固体种类繁多，固体理论那是相当的复杂。但此处只要一幅简单的漫画式图景也就足够了：构成固体的原子的原子核被禁锢在一个规则的格状框架里，那些电子以一团量子云的形式在原子核间游走。这是个泯灭一切个性的"集体社会"！这些原子不再以独立实体的形式存在。这种排布在能量意义上是极为有利的，这是行话，意思是说打乱这种排布需要巨大的能量。革命的代价是高昂的。裂石两半，非猛士不能为。

所以，我们在这个世界上见证的无数相互作用，比如固体撞上固体的，都能被还原为电磁相互作用。我们在日常生活中所见的，基本上都可归因于电磁力的一些残余效应。因为日常所及的

---

① 在地球表面附近产生作用的引力（即物体未进入弹道飞行状态时），在中文语境中一般翻译为"重力"。在不考虑地球自转影响的情况下，可以忽略引力和重力之间的差别。——译者注

客体大都是电中性的，都是由等量的质子和电子构成的，这些客体之间的电磁力几乎全都抵消了。即便是电钻的钢刃钻进了岩石，也不过是电磁相互作用真正实力的强弩之末。

只在漫天电闪雷鸣之时，电磁相互作用真正的狂怒才震撼得了我们。我们这些现代的家伙已完全驯服了电磁相互作用，但古人会将之归于众神偶尔降下的震怒。[2]

当你第一次走出蒙昧，你或许以为世上即便没有数百万种，也有数千种力。因此，能够断言只有四种基本力完全是令人敬畏的，这是数个世纪以来上下求索的精心提炼。譬如，意识到光可归因于电磁相互作用实乃一座丰碑。

▎宇宙是一出精心编排的舞蹈

虽说街头巷尾的男男女女皆谙熟引力与电磁相互作用，可他们还未曾体验过强相互作用和弱相互作用。但事实上，物质宇宙是一出精心编排的舞蹈，四种相互作用皆是主角。

以一颗典型的恒星为例，其生命始于一团质子和电子构成的气体。引力逐渐将这块星云团揉捏成一个球，其中强相互作用和电磁力展开了一场激烈的竞争。

电力导致同性电荷相互排斥。因此，质子因彼此间的电斥力相互分离。相比之下，质子间的强相互作用，也被称为核引力，试图将它们聚集到一起。在这场斗争中，电力取得了微弱的优势，这对我们来说是一个最重要的事实。如果质子间的核引力稍微强一点儿，两个质子就可以粘到一起，从而释放能量。核反应会立即发生，在短时间内烧尽恒星的核燃料，从而使恒星的稳定演化，更不用说文明的产生发展，都变得不可能。

　　事实上，核引力仅仅勉强大到可以将一个质子和一个中子粘到一起，还未强大到足以将两个质子粘到一起。简而言之，在一个质子同另一个质子发生相互作用之前，它首先得让自己转变成一个中子。必须要弱相互作用介入，才会导致这种转变。受弱相互作用影响的过程发生得极其缓慢，恰如"弱"这个词儿所暗示

■一个臂短却出拳猛的拳手 VS 一个臂长却出拳弱的拳手

引自 *Fearful Symmetry: The Search for Beauty in Modern Physics* by A. Zee.Copyright
©1986 by A. Zee. Princeton University Press.

的那样。因此，一颗像太阳这样的典型恒星中的核燃烧如缓步徐行，使我们得以沐浴在平和温暖的光辉中。

◖力程 VS 强度

街头巷尾的男男女女感觉不到强相互作用和弱相互作用，是因为这两种相互作用是短程的。两个质子间的强相互作用，一俟彼此远离，就会陡降为零。弱相互作用的力程还要更短。因此，强相互作用和弱相互作用没法支持波动的传播。在本书中，我们不会过多谈论这两种短程的相互作用。

相较而言，两个质块间的引力和两个电荷间的电力都会以 $1/R^2$ 的形式随两个物体之间距离 R 的增大而减少，即大名鼎鼎的反比平方律。更详细的论述见第 2 章。引力和电磁相互作用被认为是长程的，因此能够并且确实支持波动的传播。

随着 R 增大，这些力仍会变为零，但缓慢到足以让我们能感受到太阳的牵拉，差不多到一个天文单位①之遥。就此而论，我们整个银河系都在向我们邻近的仙女座星系坠落。

因此，在四种相互作用间的竞争中，固有的强度不是唯一重要的事情：许多现象取决于力程和强度之间的交互。核物理学中

---

① 天文单位（astronomical unit，ua），大致上等于地日之间的平均距离或地球公转轨道半长轴的长度，约 1.496 亿千米。——译者注

的一个明证便是裂变 VS 聚变。当两个小的原子核（各由几个质子和一些中子构成）聚拢到一起时，强相互作用的吸引很容易压倒电斥力，二者趋向于聚合。反之，在一个大的原子核（比如著名的铀核）中，电斥力会战胜强相互作用的吸引。每一个质子只会感受到其近邻质子或中子的强相互作用的吸引，但每一个质子都会感受到来自核中其余所有质子的电斥力。这个原子核想要分裂成两个更小的部分，伴随有能量的释放。

第 2 章
引力何其弱

◀ 引力与电力

相较于电磁力，引力何其弱。

我们如何在基本层面上比较这两种力的相对强度？首先，得回忆一些基本的事实。

我们在学校里学过牛顿（Newton, 1642/43—1726/27）[1]以及他的万有引力定律。说的是，质量 M（比如说地球）和质量 m（比如说月球）之间的引力 F 等于常量 G（被称作牛顿引力常量）乘以两个质量之积（即 Mm）再除以两者间的距离 R 的平方。或者用更简洁的公式表示为 $F = GMm/R^2$。

我们还学过库仑定律。说的是，两个同性电荷 q_1 和 q_2 之间的电斥力 F 等于两个电荷之积（即 q_1q_2）除以两者之间距离 R 的平方。或者用更简洁的公式表示为 $F = q_1q_2/R^2$。[1]

---

① 此处表示的是高斯单位制（CGS，具体而言是静电单位制 CGSE）下的库仑定律。在通用的国际单位制（SI）下，库仑定律可记为 $F = kq_1q_2/R^2$，其中 k 为静电常量。物理学的不同分支习惯采用不同的单位制，而同一物理量在不同单位制中的单位是不同的。——译者注

有一个令人玩味之处：力随着距离的增加而减小——以反比平方 $1/R^2$ 的方式——既适用于引力，也适用于电力。我们稍后将适时对此做出现代意义上的阐释。

◖不必去数有多少个零，让我等来代劳

暂停一下。这是一个引入科学计数法的良机，以防你有所不知。科学计数法之精髓可表述为：尊敬的先生或女士，你不必去数有多少个零，让我等来代劳。故而，100 被记为 10^2，1000 被记为 10^3，1000000 被记为 10^6，以此类推。当你将 10^6 再展开为 1000000，指数位的数字，即 10^6 中的 6，就是零的个数。由此可知，149 这样的一个数可以被写成 1.49×10^2。大数目的乘法运算因此变得容易了：不过是将零的个数加起来。例如，$100 \times 1000 = 100000$ 可据此写成 $10^2 \times 10^3 = 10^{2+3} = 10^5$。按照这个计数法，10 可以被记为 10^1，而 1 可以被写成 10^0（因为它等于后面不带零的 1）。

这就解释了如何书写大数目。写小数目时则是在指数位加一个负号，其规则如下。既然，如刚才提到的，$10^a \times 10^b = 10^{a+b}$，令等式两边同时除以 10^a，我们得到 $10^b = 10^{a+b}/10^a$，再将 b 替换为 $-a$，我们可证明 $10^{-a} = 10^{a-a}/10^a = 10^0/10^a = 1/10^a$。例如，令 $a = 2$，我们可得 $10^{-2} = 1/10^2$。换而言之，按

照科学计数法，我们可将 1/100（按标准的非科学计数法，记为 0.01）写成 10^{-2}。再举一个例子，$1/10^{17} = 10^{-17}$，这是一个非常小的数，因为 10^{17} 是一个非常大的数。

引力与电磁力之比较

在科学计数法的幕间曲之后，我们准备好比较引力和电力了。为公平起见，让我们来考虑两个质子。二者之间的引力 $F_{\text{gravitation}} = Gm_p^2/R^2$，其中 m_p 为质子的质量。另一方面，二者之间的电斥力 $F_{\text{electric}} = e^2/R^2$，其中 e 代表质子所携带的基本单位电荷量。

因此，两种力之比 $F_{\text{electric}}/F_{\text{gravitation}} = e^2/(Gm_p^2)$。注意，因子 R^2 被约掉了，结果是这个比值的数量级约为 10^{36}，即 1 后面跟着 36 个零。这个大得吓人的数[①]为引力相较电磁相互作用何其之弱的论断赋予了确切的含义。电磁相互作用的强度是引力的 10^{36} 倍。

还得注意到，在质子和电子这样的基本粒子被发现之前，欲在引力和电磁相互作用间做强度比较的任何企图都是毫无意义的。你拿什么来做比较？

---

① 注意，用两个质子来做比较，我已是偏袒引力了。因为一个电子的质量约为一个质子的两千分之一，两个电子间的电力与引力之比还得是一个更大的数 $10^{36} \times (2000)^2 = 4 \times 10^{42}$。

◀ 引力不辨阴阳

引力比电磁相互作用弱得多，这或许会让碰巧摔惨了的倒霉家伙大吃一惊。究其原因，自然是这个倒霉家伙身上的每个原子被整个地球的每个原子拉了下来。以其中牵涉原子数量之巨，要抵偿 10^{-36} 这点儿影响，根本不在话下。

尚有一个判若云泥的巨大差别，如我等所见，即质量恒正，而电荷或正或负。一个正电荷和一个负电荷之间的电力要取负号，即表示吸引，而非排斥。同性相斥，异性相吸。

因此，电磁相互作用当辨阴阳。一阴一阳则相吸，纯阴纯阳则相斥。

相形之下，引力不辨阴阳：万物彼此以引力相吸。

我已暗示过电磁相互作用在日常生活中藏身匿迹的原因：寻常客体含有等量的正负电荷，故而是电中性的。无论它们之间存在何种力，都不过是一种残余力，主要是电力——即质子与电子间的吸引力、质子间的排斥力以及电子间的排斥力——抵消后剩下的。就好似在一项牵涉数十亿资金的财务往来中，四舍五入近似到一美元位，我们全部所见的也就是两三美分的舍入误差。

我们在日常生活看到的电力和磁力仅仅是些微的"舍入误差"罢了。

◖两种力之间的永恒之争

生活中一个有趣的例子是冰箱磁贴。它凸显了电磁相互作用对引力的巨大优势：磁贴与冰箱门接触的那一小块要抵抗整个地球对它的吸引。再者，磁体内部带电粒子的圆周运动导致的磁力本身就比电力弱得多。

一旦察觉到电磁相互作用和引力之间的这种竞争，你便每时每刻都会看到类似的例子。试看一杯水。水分子聆听引力那连绵不绝的海妖之歌，告诉它们要放低自身，奔向大地母亲的怀抱。但是，电磁相互作用使得玻璃杯的分子携起手来，形成一个水分子无法逃脱的连锁牢笼。电力轻而易举地压制了整个地球的牵拉。

逃逸路线要通过玻璃杯的顶部。从周围环境中吸收红外光子，又受到空气分子撞击，水分子全都躁动不安，彼此剧烈碰撞。因缘际会之下，偶尔有一个特别的水分子达到了足以克服引力的速度，奔向自由。我们将这个过程称为蒸发，最终留给我们一个空杯子，可能剩下些残渣——残渣中的矿物质分子因太臃肿而逃脱不了。

或者，再来看一棵树。它不顾一切地抵抗引力，拉升养分。你必定可以想出更多的例子 [2] 来展现我们周遭的电磁相互作用和引力之间这场正在进行的无休之争。

◀牛顿来回复你的异议

让我们暂时回到冰箱磁贴。你本可以抗议，那不是一场公平的比较。地球的确非常非常大，但其大部分也离这个磁贴非常非常远。

牛顿很清楚这个难题，他花了近20年来证明他所谓的两个"超凡定理"。磁贴正被你脚下的片瓦之地向下拉，该区域离磁贴很近，但只占整个地球的一小部分。地球的剩余部分，包括世界另一头的广阔区域，遥不可及。因此，为了将定律 $F = GMm/R^2$ 用于磁贴和地球，我们应该在头脑中将地球切割成大量无限小的片段，每个片段到磁贴有各自的距离 R，再把每个片段对磁贴的引力加起来。

怎样做到这一点为牛顿提出了一个挑战，他不得不创建微积分[1]来解决这个难题（如今这已经可以留作学生的家庭作业了）。借助刚才提到的求和法，牛顿获得了非凡的成果，即地球对质量为 m 的客体施加力 F 时，不管该客体是一个苹果还是冰箱磁贴，就好像是质量为 M 的整个地球收缩到了位于地球中心的一个点上。换而言之，在他的公式 $F = GMm/R^2$ 中，我们应该取 R 为地球的半径。[2]

---

[1] 将一个客体切割成无限小片段，再把每个片段所施力加起来的这套步骤被称为求积分。

[2] 质量为 M 而半径为 R 的地球（理想情况下是一个质量分布均匀且形状规则的球体）与位于其表面上某处某一质量为 m 的足够小客体之间的引力等价于一个质量为 M 的质点与一个质量为 m 的质点（两个质点相距为 R）之间的引力。——译者注

■ 牛顿的第一个超凡定理：北极附近的球冠区域最靠近苹果，而赤道附近的片段则要大块得多。实际上，地球在拉苹果时，就好像地球的整个质量都集结在它的中心。

依如下图书重绘：*Einstein's Universe: Gravity at Work and Play* by A. Zee.Oxford University Press, 1989.

　　牛顿花了这么长时间才完成他的两个超凡定理，这引发了物理学史上最激烈的斗争之一。在牛顿身陷数学之时，堪称他对手的罗伯特·胡克（Robert Hooke, 1635—1703）也琢磨出了万有引力定律。牛顿就优先权向胡克发难，指责他不懂第一个超凡定理故而不可能计算出所谓施于苹果的力。

牛顿有一句名言，大概是"如果说我比别人看得更远些，是因为我站在巨人的肩膀上"，这句经常被引用作为他谦逊表现的名言，据说牛顿是在挖苦身材短小的胡克。这很可能是附会的，但尽管如此，我攻读博士学位时的导师西德尼·柯曼（Sidney Coleman），一位才华横溢却极度傲慢的物理学家，也喜欢打趣"我可以看得比别人远是因为我能从小矮子的肩膀上看出去。"

◀ 地狱安在？

在结束这一章之前，我忍不住要解决一个可能让你焦头烂额的问题。我提到过牛顿证明了两个超凡定理，但只讨论了所谓的第一定理。

牛顿的第二定理破解了他所处时代的一个核心谜团：地狱安在？虽然这已不再是当代物理学中的一个热门问题，我们仍可以理解它为何会一度令物理学家们感到迷惑。对一个球状的大地，想象局限在我们头顶之上的天堂已不再是明智之举，天堂不得不变成一个包裹世界的球壳。由此可知，地狱必定要在一个中空地球的中心。我认为我们的大多数物理学同仁会同意这体现了对一个既有理论的最简单的拓展。对火山的初步认识（外加对《圣经》的仔细研读）提供了强有力的观测证据，无疑证实了这个理论。

此外，一个计算失误使牛顿确信月球比地球致密得多，这导致他的朋友埃德蒙·哈雷（Edmond Halley, 1656—1742）提出了中空地球³理论⁴，顺便说一下，就是在哈雷的资助下牛顿的《原理》（*Principia*）①得以出版。这个观念在我们看来可能是无稽之谈，但在那个时代则不然。务必要找到地狱之所在。在每一个世代，物理学都自有其十大问题。可以想见，后人亦会将我们孤注一掷誓要量子化引力视为荒诞不经。

那么，牛顿的第二个超凡定理说的是一个球壳内部⁵不存在万有引力。你现在明白牛顿为何要劳神费力地去攻克这个古怪的难题了吧。②

‖要么极大，要么极小

如果我是一个在阅读通俗物理作品方面的门外汉，我会迷失于这些数目的表象，要么极大，要么极小，而这些东西不是以亿万计，就是以亿万分之一计。恒星之大，亿万倍于我等；而夸克之微，我等亦亿万倍之。一个算不清的数目总是超出理解范畴的。

---

① 全名为《自然哲学之数学原理》（*Philosophiæ Naturalis Principia Mathematica*），初版于 1687 年。——译者注

② 顺便说说，因为按当时的观念地狱里无万有引力，通常描绘的火焰腾起之冥界景象肯定不对！火焰升腾是因为引力将炽热气体周围更致密的空气拉了下来。

都是引力何其弱惹的祸！

让我们置身宇宙早期演化进程的影像之中。随着膨胀，宇宙逐渐冷却。到某一时刻，它冷到足以使氢原子成形，构成氢原子的一个质子束缚一个电子靠的是彼此间的电引力。宇宙可以被描绘成由散乱氢原子构成的一团弥散云，一团不具任何结构的云。

不久之后，结构开始浮现，是结构催生了星系、恒星、行星，等等。

结构的形成，显然是宇宙发展史上一个划时代的事件，这基于一个寻常可见且易于理解的现象：富者愈富。

因随机涨落，在氢原子构成的原始气体中，一些区域更致密，而一些区域则不那么致密。多亏了引力，更致密的区域将氢原子从不那么致密的邻近区域拉过来。经历了一个迅猛加速的过程，致密的区域变得更致密，而稀薄的区域变得更稀薄。其实，牛顿已经领悟到万有引力的这个后果，并将之设定为恒星形成的基础。

假设有一个正在经历引力坍缩的球状云团，它注定要成为一颗恒星。按现代意义上的理解，氢原子最终会聚集得如此紧密，以至于它们之间的碰撞会剥离电子[1]，留下质子和电子组成的气体。末了，随着气体愈加致密，质子彼此接近到足以引发核反应，

---

[1] 电子脱离氢原子核（氢原子核只有一个质子）的束缚，成为自由电子。——译者注

即强相互作用开始起效了。一颗恒星就诞生啦!

是什么同引力作对? 换句话说,为了在氢原子的原始气体中形成结构,引力必须克服什么? 好吧,高速运动的氢原子跑向这边又跑向那边,其中一些终归要从更致密的区域跑到不那么致密的区域。引力的职责就是把它们拉回来。显然,如果更致密的区域足够大,引力就能赢。这需要多大的质量? 需要很多,因为引力是如此之弱。[6]

在前面的章节中,我们度量引力之弱靠的是将之与电力做比较并得到 $F_{electric}/F_{gravitation} = e^2/(Gm_p^2) \sim 10^{36}$。在此处,电力不在博弈中,而 e^2 也未加入进来。所以,我们应该用 $1/(Gm_p^2) \sim 10^{38} = (10^{19})^2$ 这个数来度量引力之弱。[①]这个极大的数 10^{19},我们可以称之为普朗克数[7],它标示了固有的引力之弱,亦在弦理论这样的当代物理学中扮演了一个重要的角色。

在当前的语境中,这个数支配着宇宙中结构的出现,而大部分天体物理学都可以借助这个数来理解。例如,你可以查到太阳的质量约为 2×10^{30}kg,而质子的质量约为 1.6×10^{-27}kg。故而,像太阳这样的一颗典型恒星大约包含了 $10^{30}/10^{-27}$,即大约 10^{57} 个质子。

---

① 这里使用的是粒子物理学的自然单位制(natural units),其中真空光速 c 和约化普朗克常量 $\hbar = h/2\pi$(还有玻尔兹曼常量 k)都为 1,故而 Gm_p^2 成了一个无量纲的(或者说量纲为 1 的)纯数。

这个极大之数 10^{57}，远远超出了日常经验的范畴，它从何而来？

一道大学本科水平的物理习题[8]（我不会在这儿展开）揭示出它源自普朗克数的立方：$(10^{19})^3 = 10^{19} \times 10^{19} \times 10^{19} = 10^{19+19+19} = 10^{57}$。

第 3 章
探测电磁波

◀电磁波无处不在

较之于电磁相互作用，引力何其弱，这使得对引力波的探测推迟到了 21 世纪初。相较而言，电磁波很早就被我们人类探测到了。生物演化使我们具备看到电磁波的能耐，尽管只限于一个很窄的波段。

当然，严格说来，人类费了一番工夫才意识到光不过是电磁波的一种形式。这一洞见需要巨大的物理创造力，它可以被定义为鉴识的技艺，判别哪些谜题值得去探究而哪些不值得。

要掌握引力波的产生和探测，就得面对如此艰巨的挑战，让我们先回顾一下 19 世纪末电磁波的产生和探测。之后，我们可以将之与 21 世纪初的引力波探测比较一番（我是忘了说"产生"吗？）。

麦克斯韦、赫兹与电磁波

1865 年，詹姆斯·克拉克·麦克斯韦（James Clerk Maxwell, 1831—1879）发表了他的电磁理论，综合了截至当时所知的一切（见第 6 章）。凭着灵光一闪，他推导出了电磁波的存在。或是出乎意料，或是意料之中，麦克斯韦的方程组揭示了电磁波的传播速度等于已知的光速。随后，赫尔曼·路德维希·费迪南·冯·亥姆霍兹（Hermann Ludwig Ferdinand von Helmholtz, 1821—1894），无疑是其所处时代一位杰出的德国科学家[1]，向普鲁士科学院（Prussian Academy）提议设立柏林奖（Berlin Prize）以表彰任何可以探测到电磁波的人。1879 年[2]，亥姆霍兹将这一难题交付于他的博士生，时年 22 岁的海因里希·鲁道夫·赫兹（Heinrich Rudolf Hertz, 1857—1894）[①]。

当时的赫兹没法完成亥姆霍兹的要求。但是，在成为卡尔斯鲁厄大学（Universität Karlsruhe，原卡尔斯鲁厄理工学院）的一名教授后，1886 年的某一天，他注意到给一个莱顿瓶[3]（电容器的一种早期样式）放电会导致附近的另一个莱顿瓶发出电火花。有东西从一个莱顿瓶传送到了另一个。这给他指明了一条研究麦克斯韦理论预言的电磁波的道路。

---

① 赫兹度过了悲剧般的短暂一生，去世时才 36 岁。

我发现看看赫兹建造的发射器和接收器是饶有趣味的。就发射器而言，他将铜线分别连到两个带电的锌制球上。当两根铜线的末端彼此靠近时，球上的电荷冲向它们失散已久的同伴，一道电火花会闪过。现在我们知道，赫兹正在激发无线电波[4]。就接收器来说，他建造了一个偶极天线的雏形，构成它的是缠绕在木条（弯曲并钉在一起）上的金属线，两端间有一个可调节的间隙。[5] 源自其发射器的电火花会激发出其接收器上的电火花。

创制了这套装置，赫兹现在可以从心所欲地做实验了[①]：到处移动发射器和接收器，在二者之间放置各种各样的隔屏，调节间隙的宽度，诸如此类。他试验了不同材料制成的三棱柱，揭示出电磁波可以像光那样折射。[②] 仅靠转动接收器，恰如麦克

■ 赫兹用于探测电磁波的接收器照片。

2014 年 12 月 30 日从 Rollo Appleyard 收到，图片出自 "Pioneers of Electrical Communication 5: Heinrich Rudolf Hertz" in *Electrical Communication*, International Standard Electric Corp., New York, Vol. 6, No. 2, October 1927, p. 70, fig. 9 on http://www.americanradiohistory.com.

---

① 不必写提案以乞求资金，也不必等上几十年，等等。
② 模仿三棱镜分光实验（或者说是牛顿的三棱镜分光实验）。——译者注

斯韦从他的方程组推导而出的那样，赫兹证实了电磁波有两个极化方向[1]。

跟赫兹比起来，引力波的探测者们日子要艰难得多。在实验室里合并两个黑洞，一时半会儿根本不可能。物理学家不能到处移动逐渐融合的黑洞，他们也不能转动探测器。他们所能做的事情就是请求他们各自的政府建造更多的探测器。且见下文。

◖通向外部世界的一个窗口

频率的单位——赫兹（写作 Hz），在 1930 年被定义为一个重复事件每秒发生的次数，通常也被称作周期每秒。我们中的一些人还会记起在学校学过的，对频率为 f 的一束电磁波，其波长 λ（定义为波峰到波峰的距离）由公式[2] $c = f\lambda$ 给出，其中 c 为光速。

我不必再赘述电磁波对人类文明的影响。众所周知，电磁波（一度被唤作赫兹波）的发现带来一个新的技术时代，无线电报、无线

---

[1] 在光学中也叫"偏振方向"。——译者注

[2] 当我向受过教育的公众宣讲我的通俗作品时，我发现大多数外行人都无法将深刻同琐碎区别开。例如，牛顿的引力定律，$F = GMm/R^2$，就是深刻的，但是此处给出的"定律"不过是琐碎的算术：一束波每秒前进的距离等于每秒通过的波峰数乘以波峰间的距离。

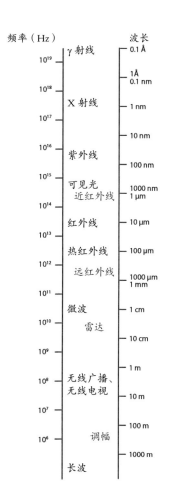

■从伽马射线到无线电波的电磁波谱。

该图档获得开源协议许可。

广播、无线电视，有一个算一个，乃至我们现代世界的种种小玩意儿，离了电磁波就用不了。人类现在已经能驱策电磁波了。[6] 或许稍显悲哀的是，大多数十来岁的青年人到哪儿都离不开他们的手机，却对这些波几乎一无所知。

在 $4 \times 10^{14}\,\mathrm{Hz}$ 到 $8 \times 10^{14}\,\mathrm{Hz}$ 频段内的电磁波被称作可见光。就好像我们本来是通过一扇狭窄的窗口凝望这个世界，而赫兹[7]走上前来，拉开了窗帘，向我们揭示窗帘遮住了一扇远远比我们曾经所见宽得多的窗。

耐人寻味的是，赫兹并没有领会自己实验的重要性，他说："这一点儿用处都没有……不过是验证了麦克斯韦大师是正确的……我们只有这些神秘的电磁波罢了，肉眼看不到它们，但它们就在那里。"当被问及电磁波可能的应用时，他回答道，"我猜，根本不会有。"

◀ 开创量子纪元

赫兹[8]不仅打开了一扇窗，还瞥见了量子世界的第一缕曙光。

在一次试错实验中，赫兹注意到一个带电客体暴露于电磁波环境下会更快地流失电荷。令人费解的是，电磁波的频率越高，电荷流失得越快。几十年之后，爱因斯坦靠解释这个业已被称为光电效应[9]的奇怪现象开创了量子纪元。

我们现在明白了，一束频率为 f 的电磁波实际上是由一窝蜂式的光子组成的，每个光子的能量等于 hf（此处的 h 代表普朗克常量，以纪念量子力学之父马克斯·普朗克 [10]）。光子差不多是将电子从暴露于电磁波环境下的材料内部踢出来。频率越高，踢得越有劲儿。相比之下，在经典物理学中，电磁波的振幅对应于电场强度，它决定了电子能被推多远。故而，决定性因素不是波的频率，而是波的振幅。

运用量子物理学，我们能预言：当频率低于某一最小值时，光电效应会骤然终止，彼时，踢得就太温柔了。[①]经典物理学完全没法解释这个阈值效应。

啊哈，此乃试错实验物理学之光荣日 [11]！

同理，在量子物理学中，一束频率为 f 的引力波亦是由一窝蜂式的引力子组成的，每个引力子的能量等于 hf。敏锐的读者可能已经注意到了，我已然在序章中悄悄引入了"引力子"（graviton）这个词儿。的确，电磁相互作用和引力之间存在一种显而易见的类比：光子之于引力子，正如电磁场之于引力场。在恰当的时机，我会探讨光子和引力子之间的某些重大差别，

① 其实这只限于强度（振幅）较低的通常情境（即单光子光电效应）。当强度足够大时（比如在强激光照射下），一个电子能吸收多个光子，相应低频电磁波也能引发光电效应。一个极端的情况是频率为 0 的静电场，只要电场强度足够大，就能从材料中拉出电子。——译者注

但现在，知道光子和引力子各自为集聚形成经典电磁波和引力波的量子微粒，足矣。

第 4 章
从水波到引力波

　　欲理解引力波，先考虑一下更容易理解的水波。在田园诗般的盛夏时节，闲看池塘水面翻起的波浪。呆头呆脑的物理学家[1]，不去谱写浪漫的诗篇，却写下了支配水面随时间变化的方程。这是如何办到的？

　　那个著名的法国佬，念叨着"我思故我在"的勒内·笛卡儿[1]（René Descartes）[2]教会我们，用记为 x 和 y 的两个数就足以定位我们之所在。在（x, y）标定的位置，描述水面靠的是从池塘底部起测的水面高度。将这个高度记为 $g(t, x, y)$，这个函数取决于时间 t 以及空间 x 和 y，如图所示。

　　一丝风都没有的话，池塘水面是平的，故而该函数正好是一个常量，比方说，在某个适当的单位制下取值为 1，[2]$g(t, x, y) = 1$（通常在物理学中，我们理想化地假定：池塘底部是平的，而我们在离

① 声明一下：那不是我。

② 笛卡儿在《方法论》（*Discours de la Méthode*, 1637）中提出了"我思故我在"（Je pense, donc je suis，常用的拉丁文表达是 Cogito, ergo sum）的著名论断。——译者注

岸很远的池塘中央）。

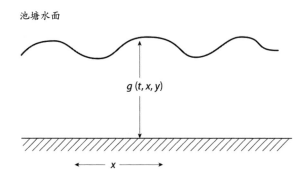

池塘水面

$g(t, x, y)$

x

■ 水波在时刻 t 截取的图像。空间坐标轴 y 指向纸外，未在图上标出。

波动意味着 $g(t, x, y)$ 不是一个常量，它会随时间和空间变化。如前所述，支配水波的物理机制是清晰的：波峰中多余的水分会被引力拉出来以填补邻近的波谷。考虑潜在的物理机制，人们能写下支配流体如何行动的方程[3]，这"纯粹"是将牛顿的力学规律应用于流体。

但是，写下一个方程是一回事，解出它又是另一回事。这个针对流体流动的方程直至今日尚未得到完全意义上的通解。事实上，你若能解出此方程，便可将一百万美元[4]收入囊中。

此中艰难，显而易见。让我们告别池塘，找个刮风的日子前往海滩。随着惊涛拍岸，洪波涌起，波浪蜷曲自身，尽力形成冲浪者喜爱的海浪隧道，破灭后又散为雪沫无数。流体展现出大量令人困惑的行为。好吧，描述恬静池塘里水波的同一个方程在此亦同样适用，故而难以驾驭。

但是，当我们从海滩回到风平浪静的池塘，这个方程就易于把握了。关键在于我们现在能将 $g(t, x, y) = 1 + h(t, x, y)$ 代入这个恼人的方程并令 h 小于 1。然后，我们有理由舍弃整整一卡车恼人的项。一个小数乘以一个同样的小数，所得乃一个更小的小数，例如，0.1 乘以 0.1 得 0.01。因此，如果你遇到的一项是 h 乘以自身（即 h^2，h 的平方），你就能将这一项扔出窗外。物理学家和数学家们称之为一级近似。[5]

事情大大简化了。最终得到的这个方程，任何一位成绩还过得去的物理专业的本科生都能解出来。

我告诉你这一切是因为此情此景几乎完全雷同于爱因斯坦引力论的情况。支配时空曲率的爱因斯坦场方程要得出通解，那是难上加难，基本上是不可能的，但对引力波而言，在一级近似下，它被大大简化了。再者，大多数物理专业的本科生也应该能解出支配引力波的方程。

我厌恶专业术语，尽力避免使用，但它作为一种简记法对加快探讨仍不失为有益。恬静夏日里的池塘水波据说处于线性状态。相比之下，冲浪者偏爱的暴风雨天里的海滨巨浪必定是处于非线性状态。

总而言之：爱因斯坦的方程在非线性条件下难以求解，在线性条件下则易于求解。

敏锐的读者可能已注意到，我已悄悄引入了"场"（field）这个词儿，比如"力场"。对那些非物理学出身的人来说，这个词儿往往听起来既玄妙又高深[①]。事实上，物理学家们不过是将任何空间与时间的函数，比如此处的 $g(t, x, y)$，叫作场（详见第 6 章）。

在本书的余下部分，我会讲述爱因斯坦如何导出引力场方程的故事。在此过程中，我将让你对所谓弯曲时空的意味有所体会。

[①] 一个行内秘密：即便是对沉思着宇宙根本谜题的物理学家来说，场的概念仍是既玄妙又高深的。见《简明量子场论》（*QFT Nut*）。

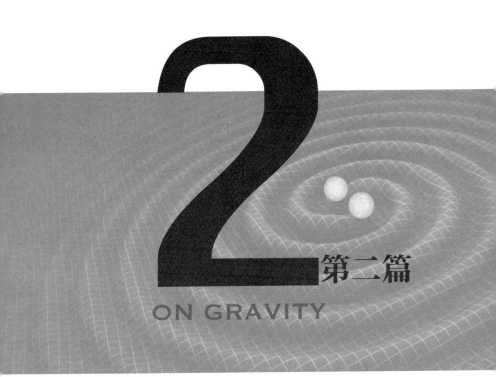

2

第二篇

ON GRAVITY

第 5 章
鬼魅般的超距作用

▮超距作用

我们通常对力的理解会涉及接触：只有当我们与一个客体相接触时，才能对其施加力的作用。在诸如美式足球这样的身体接触式运动中，若不擒住对方的持球员，一个后卫球员便难以发挥作用。而在电影中，直到女主角的手掌接触到轻浮男主角的脸颊时，这一巴掌才算是一巴掌。在超市里，只有紧握住手柄时，你才能推动购物车。如果你只是伸伸手便可控制购物车运动，一群人就会聚过来，敬你如敬巫。

不接触而有力作用，唯一寻常可见的例子就是冰箱磁贴：在磁贴和冰箱接触之前，你就能感觉到冰箱在"拉"磁贴。

除引力外，寻常之力其实都是短程的，在日常经验的距离尺度上皆为零。①手掌分子务必几乎贴在脸颊分子表层，后者才得以与前者有了肌肤之亲。

———————————————————————

① 我已经在第1章中解释过了，这些力不过是电磁力的微弱残余。

引力显然是个例外。当地球将牛顿的苹果拉下来时，并没有一只手像恐怖电影里那样从地里伸出来抓住苹果。引力是不可见的，故而对韶华易逝的女星来说，才更令人毛骨悚然。

昔日，先贤发现有必要将恒星与行星镶在天球上，天球想必是由某些具备神奇特性的天上材质①构成的，它们周而复始地缓慢旋转。¹ 这幅机械式的图景在古人听来颇具说服力。按这种世界观，牛顿所谓地球的引力不仅能将苹果拉下来，其不可见的手臂还可以穿越深邃的广袤空间拽住月球，岂非怪哉？②

‖缺乏"思维能力"么？

从物理学的教科书中，学生们学到了牛顿的超距作用概念。月球被地球所吸引，无须接触。随后，更高深的著作向困惑的学生们指明，超距作用颇似鬼魅，还把可怜的牛顿树为稻草人来攻击。

岂有此理！牛顿其实对超距作用颇为不安。1693 年，在一封致友人理查德·本特利（Richard Bentley）的信中，他写道：

---

① 即古希腊自然哲学中的"第五元素"——以太（αιθηρ /aether）。——译者注
② 近来，"鬼魅般的超距作用"（spooky action at a distance）这个说法被大肆用于量子纠缠的相关宣传中。我在此处使用这个说法旨在强调经典的牛顿引力已经是够奇怪的了。

对物质而言，引力应该是固有的、天生的以及本质性的，以致一个物体可以跨越真空作用于远处的另一物体而不需要将作用或力从一个传递到另一个的任何媒介，这对我来说简直是荒谬绝伦，以至于我相信，在哲学层面上，无人具备足够的思维能力来一探究竟。

告诉我，当你第一次学到反比平方律时，你不觉得它很离奇吗？牛顿会说你缺乏思维能力么？

◀ 给引力一点儿时间

牛顿引力的另一个奇异特征是时间不在其中。地球施于月球的吸引力取决于地、月质量之积乘以牛顿常量 G 再除以二者之间距离的平方。仅此而已。地球位置的任意变化[①]会即刻传送到月球。按牛顿的引力理论，月球像奴隶一样被地球所束缚。地球转而像奴隶一样被太阳所束缚，而整个星系是一个同步运转的整体。

一颗卫星何以瞬间知晓它的行星已然移动？在《原理》中，牛顿留下[2]了这个谜题"供读者考虑"。

那个操刀上阵的读者便是阿尔伯特·爱因斯坦。

---

① 事实上，我们及用心的学童都知道，地球绕着太阳不停地公转。

第6章
了不起的冒险：场的引入

◀以光速为绝对速度极限

爱因斯坦的狭义相对论给了我们 $E = mc^2$ 之类的种种，它缘起于麦克斯韦电磁理论中的一个佯谬，即电磁波的速度何以能够与观察者无关。狭义相对论广为流传的一个惊人论断即光速 c 是物质宇宙中的绝对速度极限：信息的传递速度不能超过光速。这就排除了月球瞬间"知晓"地球在做什么的可能。

牛顿并非他那个时代唯一具备足够思维能力的人。皮埃尔 - 西蒙·拉普拉斯侯爵（Marquis Pierre-Simon de Laplace, 1749—1827），一个相当机灵的家伙 [1]，曾以先见之明推测出了引力效应的传播速度 c_G。[2] 不仅如此，他还跻身于那些相信光以某个有限速度 c 运动的人士之列。再者，他很好地运用了这个有限的（而非无限的）引力速度 c_G，颇有历史意义。[3]

---

① 穿高跟鞋是近代欧洲贵族男子的时尚。——译者注

让我为你穿上这位侯爵大人的高跟鞋①，请你来猜猜 c_G 如何与 c 做比较？

拉普拉斯猜想（并不正确），c_G 远高于 c。如今，粒子物理学界的理论家们赞同某些所谓的天经地义，说的是，同一字母表示的基本常量，比如这两个基本的速度，应该有大致相同的数量级。[4] 所以，大家默认的观点是 c_G 与 c 应该大致相等。我们现在清楚，这个传播速度是一个普适常量，$c_G = c$ 严格成立，原因很简单，引力子和光子二者都是在时空中传播的。这个传播速度是时空的一个属性[5]，无关于引力或电磁相互作用本身。[6] 可以确信，在遥不可及的另一文明中，某个才华横溢的年轻人在完全领会弯曲时空以前，很早就可以提出以光速传播的引力波之存在。

◀法拉第的场与我们母亲的乳汁

我们这些承袭了法拉第的观念故喻之为母亲乳汁的人[7]，难以领会这了不起的冒险。

——爱因斯坦[8]

我马上就会告诉你爱因斯坦视为了不起的冒险乃何物[9]，但首先，我忍不住要跟你讲讲[10]迈克尔·法拉第（Michael Faraday, 1791—1867），这位有史以来最顶尖的实验家之一。当法拉第在实验室里挥洒天才时，他也为理论物理学引入了一个重要且富有成效的概念——"力场"，或者简写成"场"。

　　不同于他那个时代及以往的大多数物理学家，法拉第并没有一个安逸的出身背景。他生于狄更斯笔下的那种贫寒之家，开始是作一个书商的童仆，后来升格为学徒。在重新装订一套《不列颠百科全书》（*Encyclopedia Britannica*）时，他被一则偶然注意到的电学条目迷住了。在维多利亚时代的伦敦，经常有面向公众的教育讲座，通常一场讲座收费一先令，这个年轻人连这点钱都付不起。所幸，著名的汉弗莱·戴维爵士（Sir Humphrey Davy）开始在新成立的皇家研究院（Royal Institution）做免费的讲座。这些讲座极受欢迎。受过教育的公众对科学怀有强烈的兴趣，而电学更是给公众带来了触电般的兴奋（在许多国家，这一免费讲座的优良传统延续至今，我所知的大多数物理研究中心都能吹嘘说在研讨会和报告会的正式出席者中总混有一两个狂热的"民间科学家"）。怀着虔诚之心参加报告的法拉第最终得以接近戴维。巧的是，彼时戴维正需要一位实验助手。此外，他在几个月后将开启一次走访欧陆科学中心之旅，主动提出要带法拉第同行。法拉第最终获得了令人艳羡的受教经历。

　　然而，狄更斯笔下的情节是完整的，戴维夫人是个讨人嫌的势利眼，她坚持让法拉第和仆人们一道吃饭，这往往会造成生活中的不愉快。法拉第经常沦落到干侍者的差事。但这仍不失为一趟刺激的旅程，不论是在科学上，还是在其他方面；彼时拿破仑

■ 迈克尔·法拉第（Peggy Royster 根据一幅原始肖像绘制）。表现力场的箭头标示了一个置于该处的带电粒子的运动趋势。

引自 *Fearful Symmetry: The Search for Beauty in Modern Physics* by A. Zee.Copyright
©1986 by A. Zee. Princeton University Press.

战争正如火如荼，作为"敌方的科学家"，他们不得不想方设法地去弄到跨越边境的安全通行许可。[11]

戴维的年轻助手很快就站稳了脚跟，接二连三地做出科学发现，超越了他的导师（在物理领域，戴维如今是一个被遗忘的角色①）。嫉妒是一种强烈的人类情感，二人之间顿生嫌隙。此外，戴维爵士试图阻挠法拉第当选皇家学会（Royal Society）的会员，却徒劳无功。在职业生涯的巅峰，法拉第荣耀加身。这位谦卑的学徒拒绝了骑士册封以及皇家研究院和皇家学会掌舵人的职位。即便是戴维也承认，在他所有发现之中，法拉第是最棒的。

‖愿力场与你同在

然而，被爱因斯坦视为了不起的冒险的，且如今每个看过星际战争题材电影的小孩儿[12]都知道的，法拉第假设出的这个力场究竟为何物？如我提到过的，按日常的经验，我们倾向于认为力只作用在相互接触的物质实体间。牛顿的超距作用概念深深困扰着许多思索者，而到了 19 世纪，电磁学更戏剧性地证实了这一点。磁体可以经真空区域相互作用，孩子们对此兴趣益然，物理学家们亦是如此。

---

① 在今天看来，戴维的历史贡献集中在化学领域（尤其是电化学）。——译者注

就像许多前辈和同代人那样，法拉第也陷入了同这个哲学难题的缠斗中。他在脑海中想象，将铁屑洒到通电导线旁边的一张纸上会发生什么。当电流导通，铁屑会顺势排成一种花样。当这些铁屑靠近一个磁体时，又会排成另一种花样。最终，法拉第提出，磁体或电流会激发出所谓的磁场，是它对铁屑施加了力的作用。

类似地，电荷会在其周围激发出电力场。当另一电荷介入这个电场时，场会作用于该电荷，遵循库仑定律施力于其上。

◀ 作为独立实体的场

关键之处：电场是一种独立的实体。电荷激发出的电场之存在，无关乎是否有另一电荷介入其中感受该场的作用。

实际上，法拉第引入的是一种媒介：两个电荷并不直接相互作用，而是各自激发出一个电场分别作用于对方。

一位务实的物理学家可能倾向于将这一切斥为空谈，它无助于增进我们的知识。法拉第的概念的确没有解释库仑定律；它似乎仅仅是库仑定律的另一种表述方式罢了。法拉第假设电荷激发的电场强度随距该电荷的距离增加而减小，他以这样一种方式来重述库仑定律。

但是，上述观点不得要领。其实，法拉第图景的实质内容在于这样一个事实，电磁场不仅能被视作一种独立的实体，它就是一种独立的物质实体。例如，物理学家认识到，谈论电磁场的能量密度完全是有物理意义的。更令人惊奇的是，电磁场可以自行激发并穿越时空。

◖ 法拉第不通数学，而麦克斯韦立誓不读任何数学

　　如前文提到的，场的概念在詹姆斯·克拉克·麦克斯韦手中结出了硕果。因为贫寒的出身，法拉第自认有一个软肋——数学，他无法将自己的直观概念转化为清晰的数学表述。麦克斯韦则与之截然相反，他是名门世家子弟，接受过他那个时代所能提供的最好的教育，从而能够实现电磁学的数学大综合。

　　但在开始研究之前，麦克斯韦下了一个决心："在通览法拉第的《电学实验研究》（*Experimental Researches in Electricity*）前，不要去读这门学科（电学）相关的数学。"当代某些迷恋数学的青年理论物理学家应当留意了啊！当今世界，许多人在掌握基本的物理之前，就以花哨的数学弄晕了自己（而非别人）。①呜呼，寻常小病，往往致命。[13]

───────────────

① 给学生们提个醒：麦克斯韦不是说完全不要数学。他只是告诉我们行事宜知本末先后。所谓数学，麦克斯韦意指我们所说的偏微分方程。

◢莫去追随法国哲学家

其实，麦克斯韦将法拉第的缺陷视为一个优势，他写道：

> 故而，法拉第以他洞察先机的智慧、献身科学的热忱和实验探究的良机，背离了成就那些法国哲学家的思路，被迫借助于他可以理解的象征手法向自己解释现象，而不是采用迄今为止学者之间唯一的语言。

所谓"象征手法"，麦克斯韦指的是场的概念（实际上，法拉第称之为"力线"。）所谓"哲学家"，麦克斯韦不过是在说"学者"，这是他那个时代的习惯用语。之前，麦克斯韦曾说过，"（法国哲学家）泊松（Poisson）和安培（Ampère）的（电学）论著，其表达形式颇具技术性，以致为了开卷有益，学生必须要受过全面的数学训练，而非常可疑的是，这样一种训练从学术成熟期开始是否还来得及。"事实上，近年繁复的数学[14]被引入弦理论及相关领域的步调之快，以至于许多"处于学术成熟期"的物理学家颇与麦克斯韦心有戚戚焉。

◢电磁场自行激发

到麦克斯韦半道杀出之时，约一个世纪的艰辛实验工作已被提炼成以许多著名物理学家的名字命名的各种定律。麦克斯韦将这些综合为数学表述，此后被称作麦克斯韦方程组。例如，其中一个方程陈述了随时间变化的磁场如何激发随空间变化的电场。这在数学上表达了法拉第感应定律：法拉第在导线周围移动磁体，激发出了一个电场，电场推动导线中的电荷前进，从而产生了电流。出乎麦克斯韦之意料，他写下的方程组并不相容。值得注意的是，麦克斯韦发现，通过在其中一个方程里添加一项，便可以使它们彼此相容。

最终，配备以恰当的方程组，麦克斯韦做出了一个惊天动地的发现：存在电磁波。大致说来，如果在空间的某一区域，我们有一个随时间变化的电场，那么邻近空间就会激发出一个磁场。其特别的产生方式①意味着该磁场也会随时间变化，它又会激发出一个电场。因此，就像池塘里的涟漪从落入的石子处扩散开来，电磁场以波的形式向外传播，能量在电与磁之间波动。

◀┃要有光！但等等，光是什么？

根据这套方程组，麦克斯韦能精确计算出电磁波这种全新波动模式的传播速度。在他所处的时代，借助地面实验和天文观测，光速已被测量得相当精确了。电磁波速度的理论值与实测的光速

---

① 电场随时间的变化不均匀。——译者注

值相差无几!

　　于是乎,麦克斯韦宣告,玄妙的光现象只是电磁波的一种形式罢了。一言以蔽之,作为物理学一个领域的光学被归入电磁学研究之下。自牛顿和惠更斯始,物理学家从大自然中攫取的光学诸定律,完全可从麦克斯韦方程组导出。我已经提到过,之前人类的视野局限于电磁波谱上的一个狭窄窗口,但从此以后,一切形式的电磁波皆可为我们所用。[15]

◀量子场的宇宙

　　麦克斯韦的发现无可辩驳地证实了场及其独立存在主张的物理实在性。其实,我们周围的空间简直是不得安宁,到处都是横冲直撞的电磁场。场的概念已从法拉第眼中的星星之火发展成燎原之势。

　　在最近几十年间,物理学家们已进阶到这样一个观点,即一切物理实在皆可用场来描述。电子、夸克乃至一切物质基本构成不过是量子场的激发。[16]有趣的是,这一近乎不可信的物质宇宙观何以源出牛顿在哲学上对超距作用隐隐约约的担忧!

◖从电磁波到引力波

> 在深远的方面……他对场这个观念全部的热爱……使他
> 在牢牢紧握住那个理论的线索很早之前，就晓得务必要有一
> 个引力的场论。
>
> ——弗里曼·戴森（Freeman Dyson）谈及阿尔伯特·爱
> 因斯坦

电磁学留下的教训是，我们一旦对超距作用的概念产生怀疑，便几乎只有电磁波一条路可走了。那么，要求电磁波存在的一般考量同样也要求引力波的存在。引力是长程的，正如电磁力是长程的一样。为了将一个大质量客体的运动传递给另一个，信号需要一个载体，一旦该载体自身被激活，它就能传播开去。哇，这就是引力波！

故事很简单。我们感受到了遥远星系的引力效应。因此，当遥远的星系相互碰撞时，我们就会感知到。引力是长程的，这几乎[17]等于在说引力波的传播能纵贯浩瀚空间。

总而言之，场战胜了超距作用，你一旦有了一个场，就有了一束波。你可以说，爱因斯坦之于牛顿犹如麦克斯韦之于库仑。

因此，物理学家并不怀疑引力波的存在，因为它们的存在是出于普适的考量，而非源于爱因斯坦理论的细节。然而，在历史上，仍有很多怀疑者[18, 19]，包括一度脑子短路的爱因斯坦。

　　诚然，到了我踏足物理学界的时候，不曾听到过任何怀疑的风声。事实上，我在约翰·惠勒（John Wheeler, 1911—2008）指导下的第一个本科研究课题就涉及一颗振荡旋转中子星的引力波辐射。[20]不久之后，基普·索恩（Kip Thorne）同他的合作者提出，惠勒和我描述的引力波可以用当时就有的仪器探测到。事后看来，他们过于乐观了。

◀️ 来自脉冲双星的引力波

　　1974 年，赫尔斯（R. Hulse）与泰勒（J. Taylor）发现了一个双星系统，其中一颗恒星碰巧是脉冲星，任何残存的疑虑都消散了。一颗恒星绕另一颗恒星运行①的双星系统在宇宙中相当普遍。双星彼此绕来绕去，我们预测它们会辐射出引力波，从而失去能量。随着双星失去能量，二者完成一个轨道周期所需的时间会变化。到 20 世纪 70 年代初，这一切都得到了很好的理解。而好运随脉冲星降临，它有规则的脉冲，为地球上的我们确定轨道周期提供了一个高度精准的"时钟"。轨道周期变化的天文观测速率与基于引力波辐射的理论预测速率之比最终为 0.997 ± 0.002。

---

① 在双星系统中，若考虑一颗恒星绕另一颗恒星运行，需要引入惯性力或折合质量的概念。若要在惯性系条件下分析，可考虑双星绕公共中心运行。——译者注

　　对大多数物理学家来说，这么接近的数值已足够好了，但若能直接观测到引力波就更好了。我们现在都知道，这一等便是42 年。

第 7 章
爱因斯坦，相对性的终结者

◀真理不是相对的

　　爱因斯坦的相对性理论包括两个部分，狭义相对论与广义相对论，前者完成于 1905 年，后者诞生于 1915 年。1905 年之后，爱因斯坦不得不致力于使引力与狭义相对论相容。在大功告成之前，他为此奋斗了十年之久，其成果便是广义相对论，更恰当的叫法是爱因斯坦引力论。让我们先来关注一下狭义相对论。

　　现在，我必须一吐胸中块垒。物理学中充斥了大量名实不符的情况，其中一些源自早已澄清的历史误会。最糟糕的一个命名或许就是相对论，因它而衍生出了一大堆想当然之论，诸如"物理学家已证实真理是相对的"以及"没有绝对的真理，这是爱因斯坦说的"，无数自以为是的不学无术之徒如是说。事实上，物理学家所言正好相反，尤以爱因斯坦为典型。我喜欢将爱因斯坦称为"真理相对性"的终结者。

正是为了避免混淆，爱因斯坦并没有在他的著名论文[①]里使用"相对性理论"这个术语。1906 年，德国物理学家阿尔弗雷德·布切勒（Alfred Bucherer）在评析爱因斯坦理论时，第一次使用了"爱因斯坦的相对性理论"这一名称[1]。

◖两个观察者所见之光速：$c = c$

1905 年，爱因斯坦坚持认为物理定律不能依赖于相互间有匀速运动的观察者。

假设有两个观察者：一个是坐在一列火车上的乘客，火车以 10 m/s 的速度平稳地驶过一座站台；而另一个是静立在地面的站长。假设乘客以 5 m/s 的速度向前抛出一个球。对车外的站长来说，球向前运动的速度无疑是 10 m/s+5 m/s ＝ 15 m/s。以这种寻常自明之法叠加速度，自古以来便为人所知，而物理学家称之为伽利略相对论。伽利略自然是理解它的。

顺便说一下，伽利略当然不会说火车，他谈的是帆船。在爱因斯坦所处的时代，乘火车旅行在欧洲方兴未艾，故而用火车来探讨是自然而然的[2]。后来，爱因斯坦的火车升级成了太空飞船。在我们的时代，或许这本书的大多数读者都有一种体验，即行走

[①] 论文的题目是《论动体的电动力学》（*Zur Elektrodynamik bewegter Körper*）。——译者注

在现代机场或大型地铁站的自动人行道上。[3] 如果人行道以 5 m/s 的速度向前移动，而你在其上以 10 m/s 的速度行走，那么显然，相对于航站楼，你的前进速度为 10 m/s+5 m/s = 15 m/s。

这一切似乎都是理所当然的，直到 19 世纪末。物理学家有理由引以为傲的是他们将光理解为电磁波的一种特别形式。但现在，假设乘客不是向前抛球，而是向前射出一束光。一如既往，乘客所见之光速记为 c。激光束中的所有光子以速度 c 汹涌向前。那么，前面的探讨告诉我们，站长测量到的光速应该是 c+10m/s。

但等等！回想一下，麦克斯韦能够用他的方程组计算出光速。例如，其中一个方程可以给出以某个速率变化的电场激发出的磁场强度。但是，当一位物理学家在火车上做实验来研究时变电场激发出的磁场时，他的结果应该和地面上的物理学家所得的完全一样，否则两位物理学家会感知到物理实在的两种不同结构。

这两位实验者现在能各自呼唤他们的理论同仁来用麦克斯韦方程组计算光速。如果两位理论家都才堪其任，他们应该获得同样的答案。因此，如果麦克斯韦方程组是恰当的，乘客和站长测量到的光速就应该不差分毫！换而言之，$c = c$。光速是唯一的，无关于观察者。[4]

◀ 大自然的一个固有属性

光的这种古怪行为暗示了速度叠加不能仅限于伽利略式的。麦克斯韦的论证迫使我们得出一个同日常直觉严重冲突的结论：观测到的光速同观察者运动的快慢无关。假设我们看到一个光子呼啸而过而起意追赶。我们进入星际飞船，发动引擎，直到速度仪所示的速度达到 0.99 c。我们几乎，但不是完全，以光速运动。但当我们望向窗外，令人大吃一惊的是，我们仍会看到光子以光速呼啸而过。

关键之处在于光速是大自然的一个固有属性，它决定于时变电场激发磁场及时变磁场激发电场的方式。相比之下，我们所举例子中抛出球的速度取决于抛球者的肌肉威力和抛射仰角。

◀ 时间的本质

要看出这为什么会在物理学史上酿成如此大的危机，我们务必得领会伽利略式的速度叠加牢牢扎根于我们对时间本质的基本理解。所谓火车以 10 m/s 的速度行驶，指的是时间相对于站长流逝 1 s，火车就向前运动了 10 m。所谓球被以 5 m/s 的速度向前抛出，指的是时间相对于乘客流逝 1 s，乘客就测量到球向前运动了 5 m。

牛顿以及其余所有人都有一个未曾言明但顺理成章的假定，当时间相对于乘客流逝 1 s，它相对于站长亦不多不少流逝 1 s。

像这样构想出的时间被称作绝对的牛顿时间。考虑到绝对的牛顿时间，站长会得出这样的结论，在 1 s 内，由于火车向前运动了 10 m，抛出的球跨越空间飞过 10 m+5 m = 15 m，故而球运动的速度为 15 m/s。

但不知何故，这套看似无可辩驳的逻辑并不适用于光子。真是个巨大的佯谬！

如果深思熟虑一番，你就会像爱因斯坦那样得出结论，唯一的出路可谓是，时间的流逝对乘客和站长来说是不一样的。更确切地说，我不得不抛弃"当时间相对于乘客流逝 1 s，它相对于站长亦不多不少流逝 1 s"这一顺理成章的假设。常识竟不再适用了！

对站长来说，乘客也在跨越空间。换而言之，当站长觉得自己保持静止，他便看到乘客在运动。如果火车的运动足够平稳，乘客也可以说自己保持静止而站长在运动。其实，许多读者肯定都有过这种在运行足够平稳的交通工具上找不着北的经历。

照此论证，我们得出结论，乘客经验到的时间流逝与其经验到的空间旅程有内在关联。对站长，亦是同理。对任一个观察者，时间流逝与空间旅程有剪不断理还乱的羁绊。二者究竟是如何关联的，这正是爱因斯坦在 1905 年的狭义相对性理论中解决的。[①]

总而言之，爱因斯坦在物理学中放逐了作为分立概念的空间

---

① 引人注目的是，推导出这种关联仅仅需要简单的中学代数知识。

与时间。自此之后，需要用一个新词儿"时空"（spacetime）在基本的层面上描述这个世界。

◀ 变化不在空间里，而在时空之中

我们现在会看到，在物理学中放逐作为分立概念的空间与时间，直接消解了牛顿的超距作用之忧。

牛顿说一个质块施加的引力随距该质块距离的平方值加大而减小，这告诉了我们引力场如何在空间中变化。爱因斯坦现在说，这样讲不太合适，应该将其概括为引力场如何在时空中变化。换句话说，知道引力场如何在空间中变化，我们便立即知道引力场如何随时间变化。也就是说，我们马上就知道引力扰动由此处到彼处要花多少时间。引力效应的传播不是瞬时的：不再有超距作用。这个怪诞的概念应该困扰过任何一个具备"足够思维能力"的人，如今它被逐出物理学了。

我没有（在本书范围内也不可能）为你展示爱因斯坦狭义相对论的数学细节，但我希望这种启发式的探讨让你对其原理有一点儿感觉或品味。简而言之，光速不取决于观察者的主张，就如麦克斯韦告诉我们的那样，这导致了离奇的观念，即时间流逝与空间旅程有不可解脱的关联。空间与时间被时空所取代，不管是电磁场还是引力场，一旦我们知道它如何在空间中变化，就马上知晓它如何随时间变化。

顺便说一下，由此可知，引力波的传播速度与电磁波的完全相同[5]，也就是 c [6]。因此我们知道了 2016 年探测到的引力波来自于 13 亿年之前。

第8章
爱因斯坦的观念：时空弯曲了

◀ 来自白令海峡的神秘力量

试想从美国洛杉矶飞到中国台北。百无聊赖地翻完机上杂志（如今更有可能的是盯着视屏里的航线图），你可能会注意到，飞机沿一条弧线路径飞向白令海峡。是白令海峡对飞机施加了神秘的吸引力吗？

下一次旅行，你尝试了另一家航空公司。飞行员又沿着完全一样的曲线路径飞行。这些飞行员就没点儿原创性么？为什么他们有时不干脆向南飞越夏威夷？比起欢快的波利尼西亚少女，他们似乎更喜欢从冷峻的因纽特猎人的头顶飞过[1]。

这种吸引力不仅是神秘的，也是普适的，无关乎飞机的构成。你应该向坐在身旁的家伙寻求指点吗？亲爱的读者，你肯定在暗自发笑。你完全清楚，墨卡托投影法（Mercator projection）①扭曲

---

① 得名于杰拉赫杜斯·墨卡托（Gerardus Mercator，在拉丁文中意为"商人杰里"Jerry the Merchant）。在将圆球投影到平直纸面上以绘制地图的过程中，墨卡托保持直线间的角度不变，而不保持两点之间的距离不变（即在数学上做了保角而不保距的变换。——译者注）。对那些迷路的人，知道目的地的方向比知道你距它多远更要紧。

了地球表面，而飞行员严格遵循了洛杉矶和台北之间可能的最短路径。对这种无处不在的神秘力量，答案的探寻不在物理学系，而在经济学系。

我们还会回到这个故事，但现在先按下不表。

❙一个数除以自身等于 1

之前我已描述过牛顿的万有引力定律，即质量 M 和质量 m 之间的引力 F 等于常量 G（叫作牛顿引力常量）乘以两个质量的积（即 Mm）再除以二者距离 R 的平方：$F = GMm/R^2$。

在学校里，我们还学过牛顿运动定律，即质量为 m 的物体的加速度 a 等于施于物体的力 F 除以质量 m：$a = F/m$。

是的，确实如此，但要将之讲给一个正沿着泥泞道路推车的中世纪农夫听。他，以及他那些蒙昧的同代人，会将力产生加速度的论断视为彻头彻尾的疯话。对他们所有人，甚至我们街头巷尾的大多数男男女女而言，亚里士多德式的观念听起来要有理得多，即力产生了速度。没有力，就没有速度。

我们中受过教育的人如今都明白，日常生活不免充斥着摩擦、疼痛和折磨。看起来，亚里士多德是对的，而牛顿错了。但事实上，牛顿是对的，而这位古希腊先贤，如今被各大物理系放逐，他错了。物理学的基本规律可不管摩擦、疼痛和折磨。

所以，最要紧的是：由地球吸引而产生的月球加速度压根无关乎月球的质量 m。力 F 正比于 m，加速度 a 由力 F 除以 m 给出；因此，加速度 a 不取决于 m。[①]

这点儿深刻却初等的数学，即某个量除以自身得 1（$m/m=1$），表明所有坠向地球表面的客体都具有相同的加速度。此外，我们都在学校里学过伽利略从比萨斜塔（Leaning Tower of Pisa）[2] 上抛弹丸来看它们是否会同时落地。如今学童们业已长大成人，无疑包括我亲爱的读者在内，只有一小部分人还记得伽利略为何要这么干，余者皆是在猜伽利略是疯子还是高人。

◖惯性质量和引力质量真的是一回事吗？

对牛顿来说，质量相当于物体所含物质的多少。[②3] 他自然而然地假定他的引力定律里出现的质量 m 和他的运动定律里出现的质量 m 完全是一回事。

但是，一位吹毛求疵的律师，或者一位无处不在的神秘读者，必定会发现此处隐藏的假定。在谋杀案发生当晚，那个被看见亲

---

① 假设地球质量为 M，月球质量为 m，地月距离为 R。根据牛顿万有引力定律，地球对月球的引力 $F = GMm/R^2$，又由牛顿运动定律（第二定律）可知，该引力作用在月球上产生的加速度 $a = (GMm/R^2)/m = GM/R^2$，与 m 无关。——译者注
② 即国际单位制中的一个基本物理量，物质的量（amount of substance）。——译者注

吻了管家的金发女郎[4]和被撞见离开房子的真是同一个人吗？这两个质量真的是同一个质量吗？

为了区别出现在牛顿引力定律和牛顿运动定律里的质量，物理学家们将之分别称为引力质量和惯性质量。前者度量的是一个瘫在沙发里的电视迷听命于引力的积极性，后者度量的是要他站起来动动有多么不情愿。在概念上，二者颇为不同，极有可能是不相等的。

不同于其他一些大学系部的教员，我们这些物理系的人不接受诉诸权威的证明，即便这个权威是在多半杜撰的故事里的一位不必赘述全名的巨擘。因此，匈牙利瓦萨罗斯纳梅尼的罗兰德·厄缶男爵（Baron Loránd Eötvös de Vásárosnamény, 1848–1919），不与19世纪那些男爵老爷们同流，却奉献了大半辈子来做更精密的实验以确立引力质量和惯性质量的相等关系。在我们的时代，这一系列实验统一被称作厄缶实验，在极高的精度上确立了引力质量和惯性质量的相等关系。特别说一下，我在华盛顿大学（University of Washington）的前同事埃里克·阿德伯格（Eric Adelberger）领导的一项巧妙的工作，已被大家矫情地称作厄缶－华盛顿实验[5]。十足是书呆子式的幽默！

◀ 要普遍性来解释

所有客体皆以同样的加速度下落，这就是所谓引力的普遍性。

现在让我们闪回到飞机上，一想到你的同伴推论出必是白令海峡对飞机施加了一种神秘的力量，你就咯咯地笑。

但这明显到可笑了吗？考虑一下爱因斯坦登场前那些显赫的理论物理学家。他们知道所有东西皆以同样的加速度下落，不管是一个苹果、一块石头，还是一颗炮弹。对爱因斯坦来说，一个苹果和一块石头在引力场中会以完全相同的方式坠落，比起归属不同国家地区的航空公司皆会选择完全相同的路线从洛杉矶飞往台北，这没什么更值得惊异的。一个苹果或一块石头穿越时空中的同一路径，正如不管是哪家航空公司，其商业航班都会遵循地球曲面上的同一路径。[6] 事后看来，我们可以发现一个"明显的"联系，但做个事后诸葛亮[7]总是太容易。

300 年来，引力的普适性[8]一直在我等耳边低语"弯曲时空"。

最终，爱因斯坦听到了。

我们不去寻找弯曲时空，弯曲时空就来寻找我们！

在爱因斯坦看来，等式

$$m = m$$

肯定可算作物理学中最伟大的两个等式之一！

另一个当然是

$$c = c$$

◀ 没有引力，纯粹是时空的曲率

正如白令海峡没有神秘的力量，人们可以说没有引力，纯粹是时空的曲率。我们观测到的引力可归因于时空的曲率。更准确地讲，引力等价于时空的曲率：引力与时空曲率其实是一回事。

为了总结并强调这一点，爱因斯坦说时空是弯曲的，而客体从时空中一处到另一处会取距离最短的路径。是环境支配了运动。时空的曲率"嘱咐"苹果、石头和炮弹遵循从塔顶到地面的同一路径。地球表面的曲率"告诉"飞行员遵循从美国洛杉矶到中国台北的同一路径。

这个关乎时空角色的惊人启示为引力的普遍性提供了一个优雅而简洁的解释。

引力弯曲了时空。就是这样。

时空是弯曲的，而引力功成身退。现在轮到宇宙中的每一个粒子去遵循这弯曲环境中的最佳路径。这解释了引力为何以完全同样的方式无差别地作用于每个粒子。下次你摔惨了时，不论是在滑雪坡上还是在澡盆里，只要想想，你身体里的每个粒子不过是尽力为自己争取最好的安排。何为最好的安排？这将在第10章中解释。

◀ 弯曲的时空

"空间告诉物质如何运动，而物质告诉空间如何弯曲。"这一对爱因斯坦引力论的总结令人难忘[9]，它归功于我在理论物理学上的第一位导师约翰·惠勒[10]（如前所述），今已广为流传①。更准确地讲，其中的"空间"，应说成是"时空"。

如果我是个悟性好的外行在读通俗物理作品，我会对"弯曲时空"这个术语感到极度沮丧。如今，甚至大众传媒在"弯曲时空"这个术语的传播上也有些不加节制。但是，所谓"时空是弯曲的"到底是什么意思？

我已为像我这样的读者预留了附录。对那些连丁点儿数学都不愿纠缠的读者，我们能以类比之法来向纵深推进。

当我们琢磨像气球外层这样的弯曲表面时，我们将之视为存在于三维平直空间，即我们生于斯亦终于斯的平直欧几里得空间。按数学的说法，即所谓二维曲面嵌在一个更高维的平直空间中。但如本书附录所示，我们完全能够恰当地设想并描述一个弯曲的空间或时空，不必将之嵌入到一个更高维的空间或时空。

---

① 平心而论，我并没发觉这个说法有这么特别。早在牛顿的引力论中，引力场就已告诉了物质如何运动，而物质告诉引力场如何表现。而在电磁学中，电磁场告诉电荷如何运动，电荷告诉电磁场要干什么。

◀ 时空的度规

让我们回到第 4 章中描述过的水波。之前提到，我们从池塘底量出水位高度来标定池塘水面。在时刻 t 与位置 (x, y)，高度可记为 $g(t, x, y)$，这是一个依赖于时刻 t 及空间坐标 x 和 y 的函数。在一丝风都没有的情况下，池塘水面是平的，故而 $g(t, x, y) = 1$。但在通常情况下，$g(t, x, y)$ 会依照一个诞生于 19 世纪的方程以某种复杂的方式随时间和空间变化。

然而，若波动温和且松弛，即处于线性状态下[①]，我们能写成 $g(t, x, y) = 1+h(t, x, y)$，并且令 h 小于 1。那么我们必须要处理的方程就得到了简化。

正如第一篇中业已提到的那个爱因斯坦引力论的情况颇似水波的故事。支配时空曲率的爱因斯坦场方程根本不可能得到通解，但对线性条件下的引力波而言，方程被极大地简化了，以至于大多数物理专业的本科生应该能够解出相应的方程。

但是，几个技术性而非概念性的疑难点会将许多物理专业的本科生搞糊涂。但在一部通俗作品而非教科书中[11]，我们能轻松略过这些疑难点。

其一，最简单的一个疑难点：在爱因斯坦引力论中，量 g 的对应物成了一个函数（更严格地讲，场）$g(t, x, y, z)$，这个

_____

① 这个专业术语是在第 4 章引入的。

函数关乎时间与三个空间坐标，即我们所处的三维空间中的笛卡儿坐标 x、y 和 z。

其二，为了描述时空的曲率，我们需要十个这样的函数①，而不是一个。但是，除非你想要获得物理学的高级学位，否则就不必为之操心。

其三，在水波的情境中，当池塘水面是平的，$g = 1$。同理，当时空是平的（即没有引力波的情况），这十个场 $g\,(t, x, y, z)$ 都是常量，且等于一个简单的数值。略有些复杂的地方在于，十个函数中，三个等于 1，一个等于 -1，而剩下的等于 0（物理学和数学岂非有趣乎？）。

这十个场 $g\,(t, x, y, z)$ 被称为时空的度规，它们确定了时空中两近邻点的距离。给定了度规，我们就能推演②出时空的曲率。③

为了让你对其中的原理有那么点儿感觉，我用一个日常例子来说明一下。给你一张航程表，你足不出户就可推知世界是在曲面上。如果我告诉你巴黎、柏林和巴塞罗那两两之间的三段距离，你可以在平直的纸面上以三城为顶点画出一个三角形。但现在，

---

① "十"这个数目会在附录中得到解释。

② 即 19 世纪的数学家高斯和黎曼弄明白了如何在给定度规的前提下计算出曲率。

③ 我已经说过了，想要了解更多的读者能在本书附录中找到更多。

若我再给你罗马分别到三城的距离，你会发现你没法将这个三角形扩展成一个平面上的四边形。故而这四点间的距离足以验证世界不是平的。

但是，度规告诉你的是无穷多点之间的距离。其原因在于，一旦我们知道近邻点之间的距离，我们就能将这些微小的距离叠加起来以找出任意两点间的距离。

在一幅以墨卡托投影法绘制的世界地图上，格陵兰岛看起来比中国还大，但是你知道格陵兰岛所属的丹麦并没有进入国土面积排名的前十位①。仅从这一事实，你就可以推断出世界是在曲面上的。度规一旦告诉了你距离，也就告诉了你面积。

---

① 实际上，作为丹麦王国的自治领，格陵兰岛的面积并未被计入丹麦国土面积。——译者注

第 9 章
如何探测时空涟漪般的空灵之物

◀ 激光干涉引力波天文台

至此，我们故事中的不同线索汇聚到了一起。我在本书开头就说到，探测到引力波的消息是由 LIGO 发布的，这项庞大的协作工程由来自麻省理工学院（Massachusetts Institute of Technology）和加州理工学院（California Institute of Technology）的物理学家牵头，来自不同机构和地区的近千名科学家参与其中。LIGO 这 个 名 称 是 Laser Interferometer Gravitational-Wave Observatory（激光干涉引力波天文台）的一个不甚准确的首字母缩写。自构想成形以来，它已运行了 40 多年[1]，耗资超过了十亿美元[2]。

探测引力波需要如此浩大的工程，其原因自然还是我在第一篇里谈过的近乎荒唐的引力之弱。除此之外，任何可靠的引力波源都与我们相距甚远，远到令天文学家引以为傲的距离。在遥远的彼方，星系可能会彼此相撞，黑洞可能会吞噬整个文明，而我

们却难以对这些骚动有所察觉。这就像要探测一千英里外一艘快
艇驶过形成的水波。

■ 水波干涉

转载自 http://www.physics-animations.com.

◀️ 波的干涉

　　如 "LIGO" 中的字母 "I" 所示，该探测方案利用了两
束激光之间的干涉，这是两位苏联物理学家格尔岑施泰因
（M.E.Gertsenshtein）和普斯托沃伊特（V.I.Pustovoit）早在 1962
年就率先提出来的。干涉很容易理解，它在日常情境中常被观察
到，比如在两束水波相遇的时候。[3]

　　假设同向运动的两束波相互叠加。令这两束波的波长完全相

同（一束波的波长被定义为一个波峰到下一个波峰的距离，或者等效地定义为一个波谷到下一个波谷的距离）。

如果这两束波同相（即这两束波的波峰和波谷都是对齐的），那么叠加这两束波的结果将是一束振幅更大的波：两个波峰叠加形成一个更高的波峰，而两个波谷叠加形成一个更深的波谷（例如，如果被叠加的两束波具有同样的振幅，那么叠加所得波的振幅会翻倍）。这就是所谓的相长干涉。

如果这两束波的相位差正好对应半个波长（即一束波的波峰与另一束波的波谷对齐）[1]，那么波峰和波谷趋向彼此抵消。叠加这两束振幅略有不同的波，其结果会是一束振幅较小的波（如果这两束波有完全相同的振幅和波长，那么二者会全部抵消，以至于根本没有波会剩下）。这就是所谓的相消干涉。

相长干涉与相消干涉代表了两种极端的情况。更普遍的情形是，两束波并非完全同相，也不会正好有对应半个波长的相位差。这种情况显然会导致一种有趣的花样：随着两束波向前走，有时二者相互增强，而有时二者相互削弱。

通常，相干涉的两束波会有不同的波长和不同的运动方向。事实上，在所有可能的情况中，LIGO 遇到的几乎是最简单的一种：波长与运动方向都相同的两束电磁波发生干涉。

---

[1] 即这两束波的相位差为奇数个 π。——译者注

◀LIGO 探测器

两台 LIGO 探测器，一个在美国路易斯安那州的列文斯顿，另一个在华盛顿州的汉福德（Hanford），都是完全一样的（见下图）。每台探测器都是由一双 4km 长的测量臂组成的，它们呈垂直排布并被密封在真空管中。其基本结构如下图所示。每条测量臂的两端都悬挂有配重，每台探测器都有四块配重。每块配重上都放置有一面反射镜，一束激光在它们之间来回反射以监测探测器每条测量臂上两块配重之间的距离。[4]

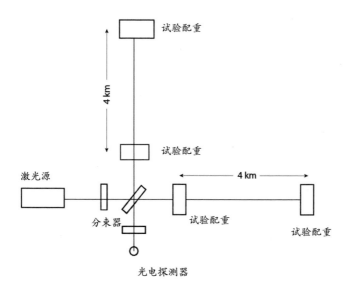

■LIGO 探测器的简化示意图。当然，这里没有按比例绘制！

两条臂上的光波会发生干涉，由此叠加生成的波会被送到一台光电探测器那里。这套装置经过精密地调试，以至于当两条测量臂的长度完全[5]相同时，波会发生相消干涉，而光电探测器什么都看不到。

当一束来自天体量级波源的引力波经过时，垂直排布的两条测量臂，一条会伸展，而另一条会收缩。半个周期之后，情况会反转。因此，这两条臂会交替地伸展和收缩。故而，相消干涉不再彻底，会有某束激光到达光电探测器，发出了有引力波经过的信号。

两台探测器要尽可能一样，相距也要尽可能远，其原因当然是为了识别局域的干扰，比如有卡车经过或暴风雨来袭。如读者可以料想的，虽有海量的噪声，但都能通过比较两台探测器的数据来识别和排除。

如上图所示，探测引力波的原理就是这么回事。但是，事非经过不知难。我们在第 2 章说过，何其微弱的引力使我们苦恼万分。当人们考虑貌似合理的天体量级引力波源并为其设定合理的数量时，他们发现两条测量臂之间的长度差可能会小到一个原子尺寸的十亿分之一。

怎么可能测量出这种距离变化？你或许会倒吸一口凉气。聪明的实验家想出了一个方案，让激光来回反射多次，从而放大两束激光的光程差。你能想象，配重悬挂得有多么精确，反射镜放置得有多么好，真空度有多么高，如此等等。孩子们，LIGO 是一座花了数十年才建成的现代技术奇观。

◀找的是什么

探测引力波的一个难点是波源的性质及其在宇宙中的丰度尚未被精确探知。相比之下，赫兹就可以控制他探测到的电磁波的波源。例如，假设将两个黑洞融合成单独一个黑洞。运用爱因斯坦的理论来研究一个孤立黑洞的特性是一回事，估算在宇宙中有多少给定质量的黑洞业已形成并弄清这样一个黑洞附近会有另一个黑洞的可能性又完全是另一回事。读者能看到，后一类问题主要是基于宇宙历史的，在这个意义上，答案在很大程度上取决于宇宙演化进程中的偶发事件。我们只是大概知道黑洞合并有多频繁及其发生地通常距我们有多远。

LIGO 探测到的事件碰巧牵涉两个黑洞的融合。应用已知的物理定律，我们能计算出融合必须经历的不同阶段。最初，这两个黑洞彼此环绕，辐射出引力波。[6] 随着二者失去能量，它们盘旋着相互靠近，最终融合成单独的一个黑洞。由此合并而成的黑洞会发生振荡，经一个叫"衰荡"（ringdown）的过程镇静下来，就像一个铃铛被敲击后逐渐缓和复归平静。

早在探测之前，物理学家就已运用爱因斯坦的理论计算出了这四个阶段中每一个阶段辐射出的精确波形。毕竟，理论家已摆弄了数十年！环绕和旋近过程中的引力波辐射处于线性状态，它可以被解析计算出来（按外行的说法，即靠笔和纸计算出来），但融合与衰荡必然是高度非线性且高度复杂的，为它们建模需要在巨型计算机上做大量的数值计算[7]。

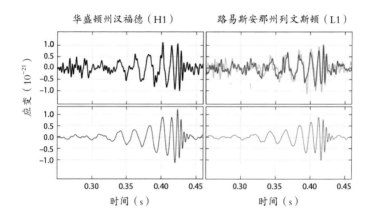

■ 左上：在华盛顿州汉福德观测到的信号。
右上：在路易斯安那州列文斯顿观测到的信号。两个观测信号相匹配。
左下和右下：运用爱因斯坦的理论计算出的预期信号。

摘自 B. P. Abbott, et al. "LIGO Scientific Collaboration and Virgo Collaboration" *Phys Rev Lett* 116, 061102. Published 11 February 2016. 该文章获得开源协议许可。
https://creativecommons.org/licenses/by/3.0/us/legalcode.

通过匹配观测到和计算出的波形，双黑洞的各项参数，诸如两个黑洞的质量及二者之间的距离，都能被确定（当然，正是观测和计算之间的精细匹配使我们可以说引力波来自两个黑洞的合并）。

在 2016 年的 LIGO 事件中，这两个黑洞分别具有 29 倍和 36 倍的太阳质量[8, 9]。

写到此处，我查了查自己早在 1989 年就说过的话，当时我出版了有关爱因斯坦引力论的通俗作品——《玩具》[10]。相关段落如下：

> 现在，来自加州理工学院和麻省理工学院的研究人员联合要求联邦政府资助建设一台超灵敏的探测器，如果当前对有多少引力波抵达的估算是恰当的，它就应该能够检测到引力波。实验家说，如果国家科学基金会（National Science Foundation）批准了这个项目，这台探测器到 1991 年就能投入使用。为了保证探测到的确实是引力波而非只是些局域的干扰，实验家们要求建两台探测器，分别位于加利福尼亚州和缅因州，以便一台探测器检测到的任何信号都能被另一台检验。最终，借助位于世界各地的探测器，实验家们能够为探测到的任何引力波精确定位传入方向。

是加利福尼亚州和缅因州，不是路易斯安那州和华盛顿州！你注意到了吗？从加州理工学院和麻省理工学院这两个牵头机构到加利福尼亚州和缅因州要相对容易些，且这两个位置之间在联邦境内几乎具备跨北美大陆的最长距离。但是，美国的政治以及其他实际的考量一定会被牵扯进来。

你还注意到当时不着边际的乐观情绪了么？这台探测器到
1991 年就能投入使用！

但是，在 1989 年做出如此声明是有道理的。在 LIGO 于
2016 年公布探测到引力波之后不久，印度政府批准在印度兴建一
台引力波探测器。我们毫不怀疑，将来在适当的时机，我们会看
到探测器在全球各地不断涌现，有能力精确定位任何传入引力波
的方向。

事实上，在 1989 年到 2016 年的 27 年间充斥着内部斗争，
项目负责人被罢黜或晾在一边，还有针对（或由）LIGO 发动的
竞争和严厉指控。我的确没有掌握有关这其中任何一条的一手讯
息，只能请读者参阅已公布的资料[11,12,13]。以我之见，若是在规
模这么大且持续时间这么长的项目中完全没有这些事儿，那才是
不可思议的。

其实，多年以来，LIGO 项目由于其庞大的开支，数次面临
被削减的风险。麻省理工学院的雷纳·魏斯（Rainer Weiss）是
咬着牙坚持推进这个项目的负责人之一，他将 LIGO 的发展形容
为"宝莲历险记"（the perils of Pauline）[14]。

像许多物理学家一样，我对 LIGO 肃然起敬。回想一下，引
力比起电磁相互作用是何其之弱。在麦克斯韦做出预言之后，仅
仅过了 21（= 1886-1865）年，电磁波就被探测到了。就电磁波
的探测而言，赫兹不过是用他的肉眼观察波经过时引发的电火花。

我在序章中提到过，在 LIGO 的发现公布后，一位记者问为什么爱因斯坦的理论会遥遥领先于实验的确证。事实上，并不是爱因斯坦领先了那么多，而是相关的实验不得不等待我们开发出超精密激光器、分析数据所需的大型计算机，诸如此类。顺便说一下，爱因斯坦还曾奠定了激光器的理论基础。①这又一次彰显了他多么了不起的智慧！

◖引力波探测的先驱

我必须要向约瑟夫·韦伯（Joseph Weber, 1919—2000）表达我的敬意，他是引力波探测的先驱。韦伯的工作始于 20 世纪 50 年代，彼时对引力波的存在尚有颇多的怀疑，到他去世时，他的探测灵敏度几乎沦为众人的笑柄，他为探测这些波贡献了一生。他的探测器是由一根巨大的圆柱形金属棒构成，他希望经过的引力波会扭曲这根棒并引发可探测的共振（单论这句话显然不是要表达其技术上的精妙，它的开发与改进近乎花了半个世纪）。

事后来看，我们明白，韦伯的探测器只不过是不够灵敏罢了。尽管如此，他仍再三断言自己发现了引力波。这些断言遭遇了一波又一波的挑战，最终都被斥为不足取信的。¹⁵ 不过，学界有一

---

① 1917 年，爱因斯坦发表了《论辐射的量子理论》（Zur Quantentheorie der Strahlung），提出"受激辐射理论"。——译者注

种主张，认为韦伯应该被视为一位先驱，他的工作推动了引力波
天文学黎明的到来。

　　当然，读者不应留下这样的印象，即自韦伯的探测器以来，
只有 LIGO 建成了。相当多的探测器业已完工[16]，却无一达到
LIGO 的灵敏度。

3

ON GRAVITY

第三篇

第 10 章
尽可能求取最好的安排

❙ 发人之所已发，但求精进

若论科学，人要尽力去发人之所未发。若论诗歌，人则要尽力去发人之所已发，但求精进。这在实质上解释了为何好的诗歌和好的科学一样稀有。

科学与诗歌看似截然对立。然而，某些理论物理学家，就像诗人一样，的确是将他们的创造力赋予了发人之所已发，却独辟蹊径。他们的工作常常为更务实的物理学家所拒斥，究其原因，本质上和诗歌偶尔不被接受一样。一整套物理学被重新表述，但新的形式表述并不会使我们的认识有丁点儿增进。在绝大多数情况下，诗歌和理论物理一样，这种粗鲁的拒斥完全是正当合理的。新的版本比旧的更晦涩也更浮夸。但是，间或有一首结构紧凑且韵律铿锵的诗，会比以往所有作品更透彻地阐发一个主题。在物理学中也是这样，与大自然内在逻辑更和谐的形式表述亦不时浮现。最好的例证或许是所谓的作用量形式，它发轫于 18 世纪，是物理学在牛顿微分形式之外的一个备选项。

按牛顿的运动观，人们关注的是运动粒子在每一时刻的状态。作用在粒子上的力使粒子的速度发生改变，这要遵循牛顿定律，$F = ma$。知道粒子的加速度 a，我们就可以确定粒子在下一时刻的速度，进而知道粒子在随后一个时刻的位置。重复这个步骤，就能确定粒子未来的位置和速度。简而言之，这是每一个物理初学者不得不掌握的标准形式表述。这种形式表述被称作"微分式"（differential），因为关注的是物理量从一个时刻到下一个时刻的差。描述这些变化的方程被称作"运动方程"。

相比之下，按作用量的形式表述，人们会对粒子遵循的路径有一个总体的考察，还要探求粒子选择某特定路径而非其余路径所"使用的"判定准则。正如我们已在第 8 章以及将在第 11 章看到，在我们谈论弯曲时空的时候，这一观念就会登上前台。

◀ 溺水的美女与瘦弱的救生员

那么，来聊一聊作用量形式。但首先，讲一个有关理查德·费曼（Richard Feynman）的故事[1]，可能是杜撰的，也可能是真事。

这部影片以美丽的南加州海滩开场。我们将镜头推近一位救生员，他显然比其他救生员更瘦弱一些。然而，我们很快发现，他要聪明得多。我的天哪，是迪克·费曼（Dick Feynman）[①]，那是在美剧《海滩救护队》（*Baywatch*）开播之前！坐在高脚椅上的他兴致勃勃地注视着一位身材曼妙的游泳者，正琢磨如何能够赢得那位姑娘的芳心，同时又在脑子里求解一个场论的难题。突然，他注意到那位姑娘正在疯狂地扑打水面。她要沉下去啦！肯定是抽筋了！一个动作片英雄就该有一个动作片英雄之所为：费曼从他的瞭望台上一跃而下，开始行动。

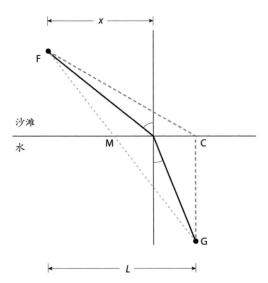

■ 对费曼来说，要到溺水姑娘之所在，可能的最佳路径就是遵循从 F 到 G 的实线。

引自 *Einstein Gravity in a Nutshell* by A. Zee. Copyright ©2013 by Princeton University Press.

---

① Dick 为 Richard 的昵称，用到费曼身上又多了些调侃的意味。——译者注

很久以前，欧几里得（Euclid）[2] 就宣称两点之间的最短路径是一条直线段。因此，如果你急于从一点赶到另一点，你会走一条直线。所以，其他救生员已经沿着一条直线（按上图所示，从救护站所在的点 F 起，沿点线 FM 方向）向那位姑娘（位于点 G）而去。那是距离最短的路径。

但事实并非如此，费曼已经计算出了一条路径使他得以在最短的时间内到达那位姑娘的位置。在这里，时间比空间要紧：最短的时间远胜于最短的距离。我们的英雄，在这件事上和其他人一样，即便是柔软的沙滩，在陆上跑也比在水里游快些。所以，救生员在一头扎进海里前应该把更多的时间花在跑动上。中学水平的简单计算就可揭示出费曼选择的最佳路径（见上图中的实线）。我们的英雄打败了其余家伙，抢先领受了姑娘的千恩万谢！

但是，你不必计算便可看出有一条最优路径。显然，只有傻瓜才会走上图所示的第三条路径（短画线）。

◀ 光行匆匆

我们都知道光沿直线传播，但我们也注意到当光从空气进入水中时会发生偏折。将汤匙插入一杯水中，你就能很容易地观察到这个现象。事实上，这就解释了为什么站在游泳池里的人看起来有滑稽的小短腿儿。光行匆匆还可说明人们观察到的一个现象，即炽热客体周围的空气看起来在闪烁。

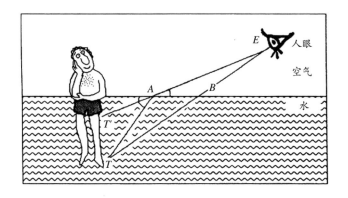

■ 一条光线从游泳者的脚尖处 T 射向观测者的眼睛 E。光"选择"的路径使它能在最短的时间内抵达目的地。因为光在空气中比在水中跑得快,被选中的是路径 TAE,而非直线路径 TBE。观察者的大脑,根据光线入射得判断方向,断定它来自点 T'。那么对观察者来说,脚尖处 T 看起来就是在 T'。因此,游泳者的腿看起来比正常情况下的短一些。

引自 *Fearful Symmetry: The Search for Beauty in Modern Physics* by A. Zee.Copyright ©1986 by A. Zee. Princeton University Press.

◀ 费马的最短光行时原理

我们的寓言故事揭示了,根据光在水中比在空气中跑得慢且光总是急于到达它要去的地方,就能够解释光从空气进入水中会发生偏折。光不会愚蠢到像其他救生员那样舍费曼之路径而不顾。

了不起的数学家皮埃尔·费马(Pierre Fermat, 1601 or 1607/08?—1665)[3],在他去世那一年,提出了自己的"最后定理",正是这个最短光行时原理。

光的偏折自然不只是为了在游泳池边嘲弄小短腿儿,它对愉快的生活至关重要。为了阅读这一字一词，你（更确切地讲，是你圣洁的母亲）在你眼中巧妙地放置了一团水样的物质（被专家们称为晶状体），你用纤细的肌肉有条不紊地施以挤压，它就能根据你的需要偏折光，将页面上这些字词反射出的环境光聚焦。你的母亲，作为经无数世代演化的作品，赐你一双明目，这是何等的巧妙啊！就在我们探讨之际，你正运用这一光偏折的现象为进入你眼睛的光节省一段时间（被称作折射的现象）以便获取一些有关物理和宇宙的知识，这是一项有利于生物演化的活动：相信阅读这本书可以提高你的繁殖优势[1]。

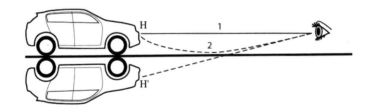

■ 夏天的海市蜃楼现象：你肯定注意到了，在大热天开车出行，远处车辆下方的公路往往看起来是湿的，但等你开到那个位置，路面事实上完全是干的。光线离开引擎盖 H，向下遭遇了路面附近的一层热空气，再向上偏折。它最终沿路径 2 抵达观察者的眼睛。观察者的大脑，根据光线入射来判断方向，断定它来自 H'。另一束光线沿路径 1 直接从 H 射入眼睛。对车上每一点反射出的光线，都会重复这种情形，这就形成了车的倒影。大脑——多么奇妙的器官——便推断路面一定是湿的。顺便说一下，一些读者可能会发现，这个例子揭示了光只关心局域的（而非全域的）最短传播时间。

引自 *Fearful Symmetry: The Search for Beauty in Modern Physics* by A. Zee.Copyright ©1986 by A. Zee. Princeton University Press.

---

① 知识就是魅力。——译者注。

◀ 实物粒子

在最短光行时原理获得成功之后，物理学家们自然想要为实物粒子找到一个类似的原理。有东西得取最小值，但到底是什么东西？

实体物质的行为与光完全不同。首先，实物粒子并不以恒定速度运动。如果一个粒子一开始就跑得更快，它抵达目的地就能更快。故而，最短时间原理肯定不适用。

物理学家们颇费了一番工夫才获得适当的原理，如今被称作作用量原理。为了解释这一原理，我还得召唤另一个了鼎鼎大名的角色，蛋头先生（Humpty Dumpty）。当蛋头先生下落时，先是慢悠悠地，然后越来越快。即便是国王的千军万马也没法让他先快后慢，减速落地。[①]

有关蛋头先生在下落的任意时刻的位置和速度的记录，被理论物理学家们称作一条历史路线。无穷多的历史路线都是可以设想的（比如拿破仑战胜了威灵顿）[4]，但不知何故，只有一条历史路线会真正实现。根据日常观察，蛋头先生的下落决不会先快后慢，好似小心提防迫在眉睫的粉身碎骨。

[①] 这里化用了一首充满隐喻的英语童谣：Humpty Dumpty sat on a wall. Humpty Dumpty had a great fall. All the King's horses, and all the King's men, couldn't put Humpty together again. （试译如下：蛋头先生墙上坐。一不小心往下落。国王纵有千军万马，再难拼回原来的它。）——译者注

◀ 选择哪条历史路线：作用量原理

是什么原理支配蛋头先生选择哪条历史路线？其实，这是物理学的一个核心问题。万事万物如何选择各自的历史路线？对光来说，费马做出了回答。

在蛋头先生下落的任意时刻，他既有动能又有势能。让我来提醒你一下，在牛顿力学中，动能不过是与粒子运动相关的能量，而势能则是一种可转化成动能的"存储"能量。例如，地表附近的客体因地球引力作用而具有势能①。客体离地越高，其具有的势能越多。动能与势能求和得到的总能量是守恒的，即不会改变。当客体下落时，其势能减少，动能增加，但二者之和保持不变。换而言之，势能转化成了动能。当我们要滑雪下坡时，我们先得付钱给电梯操作员以获取大量势能，然后将之转化为动能。

如上所述，物理学家不得不奋力为实物粒子找出一个最短时间原理的类似物。结果，恰当的原理是用一个被称为作用量的基本量来表示的。在任意时刻，动能减去势能所得的量被称作拉格朗日量（Lagrangian）。②⁵ 那么，将初时到末时的拉格朗日量一并加起来，所得即作用量（在我们的例子中，这两个时刻分别为

---

① 引力势能或重力势能。——译者注
② 拉格朗日量（或称拉格朗日函数）要定义在保守场（或称有势场）的条件下。——译者注

蛋头先生离开墙上安全区域的时刻和他的蛋黄洒到地面的时刻）。

对微积分学略知一二的读者会明白"一并加起来"即所谓的[1]"求积分"。所得之总和被称作"积分"，用符号 $\int$ 表示，你可以将之视作一个拉伸过的 S，代表"sum"（求和）这个词。作用量等于拉格朗日量对时间的积分[2]。

作用量原理说的是，一个实物粒子（不同于光）"选择"的路径，要么使作用量取最大值，要么使作用量取最小值。[6]

有一个大多数读者皆可忽略的技术细节：费马告诉我们，光的传播时间取最小值。到头来，在某些情况下，实物粒子的作用量如我们所料要取最小值，但在另一些情况下，却要取最大值。物理学家们创造了"取极值"（extremize）这个词来涵盖"取最小值"和"取最大值"[3]。作用量原理是一个极值原理，而不是一个像费马原理似的单纯的最小值原理，在量子物理学降临之前，这一直是个谜。[7]

◖你能你来抓我呀

作用量的计算类似于一名会计在任意给定生产策略的前提下

---

① 已在第 2 章提及。
② 用数学符号表示，$S = \int dt\, L$。按惯例，字母 S 表示作用量，而 L 表示拉格朗日量。
③ 具体计算需要用到变分法。——译者注

确定出企业的总利润。她先以一周为基准从总收益中减去生产总成本，然后再按一财年 52 周将这些量都加起来。商人自然要尽力遵循最有利的历史路线以使总利润最大化。

正如商人要使利润最大化，蛋头先生选择的历史路线会使他的作用量最小化。由于作用量等于动能与势能的差对下落持续时间的求和，也因为势能随到地面距离的增加而增加，在离地高处花更多时间显然是值得的，这样就可以减去更多的势能。

在日常生活中，一个下落的客体，尤其是易碎且贵重的那种，在逐渐加速撞向地板之前，似乎会踌躇片刻（差不多像在说"你能你来抓我呀！"）。当然，这就是伽利略的加速运动定律。以作用量的观点来看，我们就能理解接下来要发生的事情。该客体滞留高处的时间要"尽可能地长"，使其势能最大化，从而降低作用量。但另一方面，它不得不赶在规定时间的最后一刻冲到地板，故而要付出更多的动能代价。

因此，蛋头先生开始很慢，然后加速。借助初等的数学，人就能揭示出蛋头先生的最佳策略是以恒定的加速度来加速。[8]

读者可能会觉得，在这个情境中，作用量形式实际上比微分形式更复杂，确实是这样。按后一种形式表述，蛋头先生的加速度直接由牛顿定律确定。然而，随着对物理学的认识逐渐超越牛顿力学，作用量形式的优越性[①]愈发显著，一如下文所示。

---

① 如今，基础物理学主要是以作用量原理来表述的。

◀ 简洁乃智慧之精髓

长期以来，作用量形式只不过被当作一个凝练的备选项。[9] 同时，物理学仍旧主要以运动的微分方程来表述。[10] 然而，致力于基本问题的理论物理学家们逐渐接受了作用量的形式表述，遗弃了微分的形式表述。[11]

牛顿以降建立的所有物理理论都可以用作用量来表述。我们所知的基本相互作用，强力、弱力、电磁力和引力，都能以作用量原理来描述。[①]

作用量形式精炼典雅。例如，麦克斯韦的 8 个电磁方程被替换为单独一个作用量，为描述电磁场如何变化的每一条可能的历史路线指定了单独一个数。

在爱因斯坦的理论中，描述引力场如何变化的 10 个方程被概括为单独一个作用量。要点在于，运动方程组可能是繁芜庞杂的，而作用量只需单独一个表达式给出。相信我，找到单独一个表达式的作用量要比找出爱因斯坦历尽千难万险才得到的 10 个运动方程容易得多得多（见第 12 章）。

我们打的比方在这儿可能是有益的。最好的安排（相当于作用量）可能易于陈述，但达成最好安排所需的策略（运动方程组）

———————————————————

① 为何应该如此代表一个深奥的谜。我们肯定能设想出不是源自作用量取极值的运动方程。

可能描述起来很复杂。

◖一连串越来越好的作用量

一些书将物理学史描述成一连串革命。我不喜欢"革命"（revolution）[1]这个词，因为它的本意是推翻前代政权。爱因斯坦并没有表明牛顿错了。牛顿物理学完全适用于那些比近乎荒诞之光速慢得多的客体。

实际发生的是描述牛顿物理学的作用量不得不被修正和推广，它被替换为一个爱因斯坦式的作用量，然而当描述运动缓慢的客体时，又得还原为牛顿式的作用量。

我宁愿将物理学史设想成一连串越来越好、越来越迷人的作用量。物理学家通常不过是增补既有的作用量。例如，在 19 世纪，麦克斯韦的电磁作用量不得不增补到牛顿式的作用量中。正是作用量中这两项间的不相容导致了爱因斯坦的狭义相对论，牛顿式的作用量在其中得到了修正，正如刚才提到的那样。

---

[1] 英文中的 revolution 源自拉丁文中的 revolutio，意为"旋转、循环往复"。中文里的"革命"源自"汤武革命"（《易传·象传》），指的是"变革天命"，有"改朝换代"之意。——译者注

第 11 章
对称：物理学不可依赖于物理学家

‖每个人都必须在作用量上达成一致

基础物理学的一个核心主题便是以对称为第一义。其实，我对这个概念是如此着迷，以至于我为对称专门写了一本书[1]，可供读者查阅详情。爱因斯坦的狭义相对论为物理学中的对称性提供了一个经典范例。在第 7 章，我写道爱因斯坦坚决主张物理定律不可依赖于相对彼此做匀速运动的观察者。这种坚持后来被推广并表述为一个原理：对不同的观察者，物理实在的表象可以不同，但物理实在的结构必须是一样的。

在这里，我说的必然有些含混。然而，作用量原理能让我们将"物理实在的结构"这个短语表达得更清晰一点儿。不同的观察者都必须在作用量上达成一致。否则，不同的观察者会对不同的作用量取极值，得到不同的结果。

对称暗示了观察者从一个参照系到另一个参照系的转换。例如，在狭义相对论中，我们从乘客的视角转换到站长的视角。比如说，在站长看起来像是电场的东西，在乘客眼中是电场和磁场的结合。

◀ 协变 VS 不变

基本的物理学通常是用方程表述的，比如牛顿的运动方程或麦克斯韦的电动力学方程。在对称变换下，这些方程等号两边都会改变。具体而言，可考虑狭义相对论的情形。需要一点儿有用的专业术语：在狭义相对论中，物理量从一个参照系到另一个参照系的变换被称作洛伦兹变换，得名于亨德里克·洛伦兹（Hendrik Lorentz，1853—1928）。

例如，一堆静止电荷（换而言之，即一点儿电流都没有）激发出电场，决定这一现象的方程具有如下形式

（电场随空间位置的变化）＝（电荷的分布）[1]

在洛伦兹变换下，等号两边的量都会改变，但仍会保持等式成立。

在物理上，假设站长看到一些电荷静止在站台上，激发出一个电场。乘客在经过车站的列车上会看到电荷在运动，也就说看

---

[1] 即静电场的高斯定理，可以记为 $\boldsymbol{\nabla} \cdot \boldsymbol{E} = \dfrac{\rho}{\varepsilon_0}$ （真空中的微分形式）。——译者注

到了一股电流既激发出了磁场又激发出了电场。

按物理学的专业术语，这个方程可以说成是协变的（"一起改变"），而非不变的（"没有改变"）。方程等号两边以同样的方式改变，而不是保持不变。其结果是，物理量会变，但它们之间的结构关系不会变。

做一个粗略的类比，你可以设想一段婚姻，身陷其中的双方随岁月逝去而有所"成长"。在少有的情况下，夫妻二人都会朝着同一方向以同样的速度成长，即便二人都没长进，他们之间的关系也会一成不变。不幸的是，心理学家告诉我们，大多数人际关系都不会随时间协变（肯定也不会不变）。

不同于运动方程，电磁作用量在洛伦兹变换下是左不变式，即这种作用量保持不变。其实，所谓物理学具有一定的对称性就是在说作用量在与那种对称性相关的变换下是不变的。因此，不同观察者看到的历史路线都是用同一个数标记的，所以作用量原理偏爱哪一条历史路线是无可争议的。简而言之，正是作用量体现了物理实在的结构。[1]

---

[1] 物理学作用量形式的强大和凝练常常为其他学科的深思者所欣赏。例如，著名的经济学家保罗·萨缪尔森（Paul Samuelson）在 1970 年荣获诺贝尔经济学奖，他在获奖感言中表达了自己对费马最短时间原理的心悦诚服，引自斯蒂夫·温伯格（Steve Weinberg）的《引力论和宇宙论》（*Gravitation and Cosmology*, p.357）。

第12章
对，我要求取最好的安排，但何为最好的安排？

▌路径的选择如同一个人生的隐喻

我已经给你说了不少有关作用量原理的事情，现在就能讲讲理论物理学在基本层面上是如何运作的。我要给你的东西有点儿像是一幅漫画，但是这幅漫画抓住了灵魂，臻于真相，走的是《纽约客》杂志（*New Yorker*）里用卡通画描绘真相的路子。

有些人在作用量原理中看到了一个人生的隐喻。你想要人生中的某些东西最大化，比如总的幸福随时间一点点累积。伙计，现在你可以去参加派对，或者研究一下作用量原理之后再去派对。当然，物理学要比现实生活简单得多，现实生活的拉格朗日量由众多项组成，每一项都有数不清的参数，它们皆因人而异。例如，对一些极客（geeks）来说，研究物理学肯定比参加派对更有意思。这里还有个小细节，从生到死的时间是不可预知的。

你不得不做出抉择，要把什么最大化。是增进他人的幸福吗？是推进人类的认识吗？是幸福减去苦难吗？如果是，幸福和苦难之间的相对权重是多少？你一旦决定要把什么最大化，我们就可以为你设计出一生。

自不必说，这些关乎人类存在的概念不可能被量化和计划。但你要知道。如果你告诉一位理论物理学家支配物质世界某些方面的作用量，那么他就能计算出万物如何凭借给作用量取极值来运动。

所以，写下一个作用量，余者大致不过如此。有时候，一个作用量的获得要历经一个世纪实验工作的奋斗，比如电磁作用量的获得。[1]也有时候，一个作用量只是假设出来的，是为了融合各种普遍原理构造出来的，比如弦理论的作用量。

用更生动的语言，略带夸张地讲①，这关乎基础物理学是如何运作的。好吧，你告诉我说每个人都尽可能求取最好的安排。但是，我又不可能算出何为最好的安排，除非你事先告诉我！所以，先告诉我何为最好的安排，然后我们才能谈谈如何尽可能求取最好的安排。

现在既然你知道了作用量原理，我们就能着手对付这个难题，即弯曲时空如何决定物质的运动以及物质如何弯曲时空。我们只需明确其中牵涉的作用量。

---

① 为预先止息非议，就让我这么说吧，作为一名专业人士，我当然知道它实际上是如何运作的。

◖弯曲时空如何决定物质的运动

　　为了确定一个粒子在弯曲时空中应该如何运动，你务必要告诉我粒子的作用量，或者说安排。从弯曲时空中的一点（称作"此时此处"）到另一点（称作"彼时彼处"），一个粒子会尽力取极值的是什么？历史路线不过是弯曲时空中连接一点到另一点的曲线。

　　理论物理学家们所做的便是为作用量做出最合理的猜测并检验它是否有效。在这场游戏中试试你的身手。来猜上一猜！

　　设想你就是那个粒子，面对无穷多条连接两点的曲线。区分不同曲线的内禀几何量是什么？如果你说唯一的可能是此处与彼处之间的路径长度，那就万事大吉啦！你已具备了眼光、直觉乃至成为一名理论物理学家所需的一切。

　　对那些感兴趣的读者，附录解释了如何计算时空中两点间的路径长度。用通俗点的语言来说，物理学家们将这视作粒子穿行的距离。因为我们说的是时空，而非空间，两点间的距离要将时间延续和空间隔离这对通常分立的概念结合到一起。这两个概念被一并归入"距离"这个词。

　　但是，我们还没有加入某些关于粒子的东西。事实上，在这一抽象层面上，粒子是时空中运动的一个点，唯一属性就是它的质量。恰当的作用量其实是由粒子的质量乘以[2]它穿行的距离所给定的。质量更大的粒子会导致更大的作用量。[3] 作用量其实就是 $S = m \int d\tau$，其中 $d\tau$ 表示时空中两个邻近点间的无限小距离。[①] 你将这些无限小距离全部加起来就得到起点和终点间的总距离，从而求得积分。

◀ 爱因斯坦的理论：时空也想求取最好的安排

好！你我皆已大致猜出半个爱因斯坦引力论，即弯曲时空告诉物质如何运动。但那也只是双人舞中的一方而已。不仅是弯曲时空得告诉物质如何运动，还得有物质告诉时空如何弯曲。是的，物质在求取一个安排，但时空也想求取最好的安排。

所以，时空的安排是什么？换而言之，物质或能量如何弯曲时空？再来猜上一猜！

在更多的物质面前，你会预期时空弯曲得更厉害。你不得不决定时空要尽力取极值的是什么。自然而然的一个猜测便是时空的曲率。你答对啦！

对那些有好奇心的读者，他们想要瞧瞧时空的作用量，即所谓的爱因斯坦 – 希尔伯特作用量（Einstein-Hilbert action），看起来像什么样子，那就是：

---

① 你或许能发现这接近于费马的最短时间原理，两个时空点之间的积分距离延长了经历空间中两点的时间。

$$S = \int d^4x \sqrt{g} R/G$$

这里的 R 代表时空的曲率[4]，选字母 R 是为了纪念黎曼（Riemann）；G 是牛顿引力常量。这个积分是对四维时空的，伴有度规构成的因子 $\sqrt{g}$，详见附录中的解释。

让作用量 S 取极值，我们就得到了声名赫赫的爱因斯坦引力场方程[5]。这些方程告诉我们一个黑洞附近的时空应该如何弯曲而宇宙又应该如何膨胀。为了让你对这场游戏怎么玩有点感觉，姑且假设你想要研究宇宙学。给爱因斯坦－希尔伯特作用量加上无数个点粒子的作用量 $S = m \int d\tau$，每个粒子都代表了一个星系（在宇宙的浩瀚尺度上，即便是整个星系也可以在一级近似下被理想化为一个点粒子）。取变分以获得运动方程。求解这些方程。现在你就完成了一道作业习题：这道题可能出自有关爱因斯坦引力论的高阶本科课程。[6]

■ 这个作用量记下了引力场与一个有质量粒子之间的舞蹈。

也许，你只想要一个粒子，比方说，太阳或是一个黑洞。那么只加一个 $S = m \int d\tau$。再求解变分所得的运动方程。

这并不是太难，对吧？说得轻巧，事后诸葛亮！

◀既弯曲空间，又弯曲时间

按引力的这一现代形式表述，精炼地总结一下牛顿的工作，即是说他弯曲了时间而非空间。爱因斯坦已经在其 1905 年有关狭义相对论的工作中统一了时间与空间，他也必然得弯曲空间。时间与空间联系得太紧密，物理学家们不能弯曲一个而不弯曲另一个。

那么，这有我据目前之理解对引力所做的总结。

牛顿："我弯曲了时间。"

爱因斯坦："我既弯曲了空间，又弯曲了时间。"

■牛顿弯曲了时间；爱因斯坦弯曲了时空。

1953 年，阿尔伯特·爱因斯坦在新泽西州普林斯顿大学的午餐会上。
Copyright 1981, Ruth Orkin.

◀爱因斯坦侥幸躲过一场职业灾难

爱因斯坦在他长达十年的引力论求索过程中竟没有运用作用量原理，这一直使我迷惑不解。他反倒追踪了有关引力运动方程必须长什么样的各种线索。例如，一条线索表明，在适当的条件下，这些运动方程必须还原为牛顿的引力场方程。另一条线索是这些运动方程必须与狭义相对论相容。

如前文所解释的，作用量是单独一个数学表达式，运动方程却有 10 个（取决于你怎么数）。此外，爱因斯坦遗漏了这些运动方程间微妙又有些隐秘的联系。[7] 相比之下，一旦你写下作用量，你就会对它取变分以获得运动方程，而这些微妙的联系也会自动现身。

爱因斯坦的这个失误令我愈发困惑，因为对那时的物理学家来说，作用量原理已是众所周知的了。[8] 回想一下，拉格朗日一生中的大部分时间都是在 18 世纪。当然，如第 8 章中提到的，事后诸葛既容易又廉价，但于事无补。

1915 年，历经十年苦功，爱因斯坦已接近"圣杯"了（但在那时他自然还没意识到这一点），数学巨匠大卫·希尔伯特（David Hilbert, 1862—1943）从爱因斯坦已发表的工作中抓住了关键，他所要做的一切仅是写下弯曲时空的作用量，再对它取变分。

如我在附录中所做的解释，在 19 世纪末，数学家们已经弄明白如何确定弯曲空间或弯曲时空的曲率了。爱因斯坦的确不知道，在 1905 年他开启探索之时肯定不知道，但是希尔伯特作为一位数学家自然是知道的。

　　这里有一张时间表，为期乃理论物理史上至关重要的 21 天。1915 年的 11 月 4 日，爱因斯坦在普鲁士皇家科学院（Royal Prussian Academy of Sciences）宣读了一篇论文，给出了一组场方程。3 周之后，即 1915 年的 11 月 25 日，爱因斯坦同样在普鲁士皇家科学院公布他的场方程，但没有用到作用量原理。就在这期间，爱因斯坦被人捷足先登啦！

　　在 11 月 20 日，大卫·希尔伯特在哥廷根科学院（Göttingen Academy）公布了他对一个作用量取变分导出的引力场方程。这个作用量，如前文提到的，如今被叫作爱因斯坦 - 希尔伯特作用量。所有物理学家都认为，将这一作用量归于爱因斯坦名下是合情合理的，纵然严格说来，他找到的是源自这个作用量的运动方程，而非这个作用量本身。理论物理学界并不是一座法庭：尽管是希尔伯特第一个找到这个作用量，他还是得屈居爱因斯坦之下。①

---

① 希尔伯特的论文题为《物理学的基础》（*Die Grundlagen der Physik*），发表于 1916 年 3 月 31 日。爱因斯坦的论文题为《引力的场方程》（*Die Feldgleichungen der Gravitation*），发表于 1915 年 12 月 2 日。——译者注

◀有无与伦比之美，但要冒被侵吞的风险！

要不是牵涉到这个理论，我竟然难以发觉人性之不堪。

——爱因斯坦

但在那个时候，爱因斯坦不知道历史会在这一方面对他关爱有加。他有理由焦虑，或许没那么多理由生气。事实上，他怒不可遏，以至于在 11 月 26 日匆匆草就一封致友人的信。在这封信中，这位伟人还痛斥他已分居的妻子对孩子们的影响，但在进行一番有关个人生活的抨击之前，他先指责了希尔伯特剽窃自己理论的行为。爱因斯坦写道，"这个理论有无与伦比之美。但是，只有一位同行真正理解它，而他正试图相当巧妙地'侵吞'（nostrify）它。那是马克斯·亚伯拉罕（Max Abraham）新造的说法。依我的个人经验，要不是牵涉到这个理论，我竟难以发觉人性之不堪。"

好吧，亲爱的读者，侵吞之事不仅仍在理论物理中不断上演，还越来越巧妙了。[9]

爱因斯坦和他的朋友马塞尔·格罗斯曼（Marcel Grossmann）在 1914 年发表了一篇论文，讲了一个引力的变分原理，使得整个事件更加扑朔迷离了。

第13章
爱因斯坦的引力作用量

◖作用量在哪里，物理学就在哪里

物理学是宇宙中的万事万物尽可能争取最好安排的结果。这是宇宙的一条基本原理，宇宙本身的膨胀就得服从它。

整个物质世界都可以用单独一个作用量来描述。当物理学家们征服了物理学的一个新领域，比如电磁学，他们就给这个世界的作用量加上一个描述该领域的额外部分。在物理学发展史上的任一阶段，作用量即各种不同项混杂在一起的和。这儿有描述电磁相互作用的项，那儿有描述引力的项，如此等等。基础物理学的追求就是将这些项统合成一个有机的整体。一位机械修理工用他的工具，一位建筑师靠他的设计，而一位基础物理学家凭的是这个世界的作用量。物理学家在这儿替换某一项，在那儿修正另一项。

我们对物理知识的探索可归结为寻找一个表达式。当物理学家们梦想在一张餐巾纸上写下物质宇宙的整套理论，他们是打算

写下宇宙的作用量。写下全部运动方程需要多得多的空间，整块
黑板上满是符号，就像漫画家们描绘的那样。

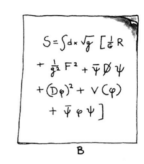

$$S = \int dx \sqrt{g} \left[\tfrac{1}{G} R \right.$$
$$+ \tfrac{1}{g^2} F^2 + \overline{\psi} \not{D} \psi$$
$$+ (D\varphi)^2 + V(\varphi)$$
$$\left. + \overline{\psi} \varphi \psi \right]$$

■ 基础物理学家们梦想在一张餐巾纸上写下宇宙的设计。作用量的形式表述给予
了一个极其紧凑的表达。

引自 *Fearful Symmetry: The Search for Beauty in Modern Physics* by A. Zee. Copyright ©1986 by A. Zee. Princeton University Press.

目前，理论物理学家们相信这个作用量看起来有点儿像图中
餐巾纸上的涂鸦。要弄明白每个符号的具体含义，你得找一家名
牌研究生院待上几年。但不管怎样，你或许马上就会注意到了所
有项之间都是加号：构成这个作用量不过是将许多部分加起来。
例如，第一项的 R 代表引力，而第二项的 F^2 代表其余三种相互
作用。这就表明物理学家们还没有为大自然找到一个完全统一的
表述。物理学家们正奋力寻求一个更紧凑的作用量，图示作用量

中的六个分立项将会被合并到一起。

　　当物理学家们谈论对一个统一理论的探索时，意思是他们渴望一个所含分立项尽可能少的作用量。

第14章
非此不可

◖极其严密的理论

现代物理理论的结构编织得很严密：深层潜在的对称性决定了这些理论的设计和构造。物理学家推崇爱因斯坦的理论，正因为它就是这么严密。

爱因斯坦的理论必须服从一个约束条件，事后看来，这几乎是不证自明的，作用量不可依赖于我们用于描述时空的坐标选择（这一要求可被称为"广义坐标不变性"，如果涉及运动方程的导出，更普遍的叫法是"广义协变性"）。

为了解释此为何意，我得再次召唤第 8 章中提到的一个类比。按墨卡托投影法，格陵兰岛看起来比中国还大，而按其他投影法，就不是这样。但是，格陵兰岛的面积和中国的面积不可能依赖于我们用的是墨卡托的还是其他的投影法。面积正是一例数学家们所谓的"几何不变量"，意思是不依赖于所用坐标的某种东西。[1]

同理，曲率[2]也是一个几何不变量。

　　简而言之，爱因斯坦引力论即物理学家们所谓一个几何化的理论。作用量会以那些几何不变量来构造。[3]

　　在第 12 章中展示的爱因斯坦－希尔伯特作用量必定是几何化的。但现在，鉴于我们的探讨关乎作为一个几何不变量的面积，灵感乍现，你意识到我们可以给作用量再加上一项，大致可以说成是，时空的面积。在这里，日常语言难堪其任。面积是一个适用于二维空间的概念，而我们在此处谈论的是四维时空。好吧，物理学家们将相关的量称作"时空的体积"，实在是没有更好的术语了。因此，我们可以给爱因斯坦－希尔伯特作用量加上 $\int d^4x \sqrt{g}\Lambda$ 这一项。如附录中的解释，这等于时空的体积乘以一个未知常量，它被叫作"宇宙学常量"，用大写的希腊字母 Λ 表示（详见后文）。

■ 爱因斯坦与贝多芬

引自 *Fearful Symmetry: The Search for Beauty in Modern Physics* by A. Zee. Copyright ©1986 by A. Zee. Princeton University Press.

◀ 引力的诞生：基础物理之范式

对称性支配了设计。引力背后的对称性一旦被揭示，物理学只得臣服于爱因斯坦的理论。爱因斯坦的引力理论自带一种不可抗拒之感。

一个特定的理论是唯一的可能，这个观念对物理学来说是新鲜的。例如，牛顿宣称万有引力随两个物体间距离平方的增加而减少，纯粹从逻辑的视角来看，这显得相当武断了。这个力为何不能随距离的增加而减少，抑或随距离立方的增加而减少？牛顿已将这视为不可回答的问题。他提出的定律不过是一段陈述，只是这段陈述的推论与现实世界相符罢了。相较而言，一旦爱因斯坦理解了引力背后的对称性，引力理论就不动如山了。牛顿的反比平方律呼之欲出。

当我第一次遇到爱因斯坦的引力理论，我惊叹于它是何等巧妙地结成一体。随着认识的深入，我逐渐理解它根本是不可抗拒的。

有这么一句贴切的评论，爱因斯坦的引力理论具备一部贝多芬作品的全部力量。[4] 贝多芬在第 135 号作品（Opus 135）[①] 的最后乐章题有附言"非此不可乎？非此不可！"（Muss es sein? Es muss sein!）

艺术，务必尽善尽美。

---

① 即《F 大调第 16 号弦乐四重奏》，贝多芬生前发表的最后一部作品。——译者注

4

第四篇

ON GRAVITY

第15章
从冻星到黑洞

◖拼命要逃离的欲望

你向上抛一块石头，它最后肯定会落回来。[1]如果你再使点劲儿，让它有更高的初速度，它在下落之前会爬升得更高。最终，如果这个初速度比一个所谓的逃逸速度还高，这块石头就会彻底逃离地球。

这一切够简单了。其实，这就是牛顿力学里的一道习题，通常是布置给那些物理的初学者。一个质量为 M 且半径[2]为 R 的行星对其表面附近一块质量为 m 的石头（实际上可以是任何一个小的客体）的引力，即 GMm/R^2，与 m 成正比，但那个拼命要逃离的欲望，即石头的动量，笼统地说，也与 m 成正比。又一次，惯性质量与引力质量奇妙的等价性跃上前台：质量 m 在对逃离欲望和引力牵拉的平衡中被约掉了。有趣的是，一个客体的逃逸速度并不取决于它的质量。

更严谨的说法是，如果一个客体的初动能 $\frac{1}{2}mv^2$（其中，v 表示速度）小于其在行星表面附近的引力势能 GMm/R，[1]它就没法逃逸了。只需一行中学水平的代数运算便可揭示这个"逃不了"的判据是 $v^2 < 2GM/R$。

约翰·米歇尔（John Michell）和皮埃尔 – 西蒙·拉普拉斯[3]分别在 1783 年和 1796 年各自独立想到某种大质量天体，其质量大到足以使光都无法逃逸。换而言之，有逃逸速度超过光速 c 的天体吗？近 200 年后，约翰·惠勒一时兴起给这样的天体取了个名儿"黑洞"（black hole）。[2][3]

伟大的牛顿还创立过光的理论：他描绘的光是由微小粒子流组成的，他称之为微粒（corpuscles）。这些微粒的逃逸速度，如前所述，并不取决于未知的微粒质量 m；针对黑洞的判据并不要求我们知道一个假想粒子的质量。我们真好运（更确切地讲，是米歇尔和拉普拉斯真好运）！

按牛顿的路子，我们只是把"逃不了"的判据中的 v 替换成光速 c，这就得到（乘以 R 除以 c^2 之后）

---

① 这里是指逃逸需要克服的引力势能。——译者注

② 率先研究这些天体的苏联物理学家将它们称作"冻星"（frozen stars）。我们都感到庆幸，这个名字没有流行起来。就命名物理新概念而言，美国物理学界有点儿像是好莱坞，"夸克"（quark）就是重要的证据。

③ 拉普拉斯的同胞们未必喜欢这个名字。——译者注

$$\frac{2GM}{c^2} > R$$

如果这个不等式成立，那么该天体就是一个黑洞。[4] 由于引力的牵拉过于强大，要么 GM 大得出奇，要么 R 小得出奇。对一个达到黑洞量级的天体，要么是它的质量对它的尺寸而言太大，要么是它的尺寸对它的质量而言太小（难道不是在描述肥胖症么？）。

值得注意的是，即便米歇尔 – 拉普拉斯论证背后的物理学在细节上并非恰当（如我们今日所知，我们不应该将光当作一个质量极小的牛顿式"微粒"），[5] 这个包括系数 2 的判据到头来仍会在爱因斯坦的理论中得到保留。

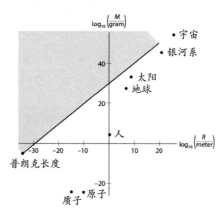

■ 纵轴表示质量 M，而横轴表示特征尺寸 R。注意，这是一张所谓的双对数坐标图，其中的质量和特征尺寸都表示成 10 的幂，否则，将宇宙和一个质子画到同一张图上几乎是不可能的。摘自 *GNut*, p.14.

引自 *Einstein Gravity in a Nutshell* by A. Zee. Copyright ©2013 by Princeton University Press.

◀宇宙的 "肥胖指数"

随着肥胖症席卷发达国家，各国政府一个接一个地发布某种肥胖指数，基本上都是用体重除以身高。针对从电子到星系的任意客体，大自然自有一套 "肥胖指数"。

对宇宙中那些有质量的客体，你可以选中意的画到坐标图上（例如，一个人身高的数量级为 1m，而质量的数量级为 100kg）。图上的直线代表等式 $2GM/c^2 = R$。这条线之上的任何东西，即阴影区域内的任何东西，会使 $2GM/c^2$ 大于 R，所以会是一个黑洞，而这条线之下的任何东西，则不然。换而言之，对于给定的 R，如果你不想被贴上肥胖的标签，你的 M 最好不要太大。

◀引力压迫大到不能承受之时

一个更现代的启发式论证包含爱因斯坦的 $E = mc^2$。一个质量为 m 的粒子，到一个质量为 M 的天体距离为 R，其引力势能为 GMm/R（为了不致错乱，设 M 比 m 大得多）。随着粒子离大质量天体越来越近，即 R 越来越小，引力势能会越来越大。[1]

---

[1] 在讨论引力势能相关问题时，一般取无穷远处为零势能面，其物理意义为两者距离大到不再考虑相互之间的引力作用，故引力势能应定义为 $-GMm/R$，此处的"引力势能会越来越大"可理解为"释放的引力势能（或引力做功）越来越多"。——译者注

何时粒子感到的引力压迫会大到不能承受？好吧，根据爱因斯坦的理论，即粒子完全转化成能量之时，该能量折合为 $E = mc^2$。因此，当引力势能的释放与这个特征能量相当时，粒子便不能再忍受了。

这就好像一个暴虐的老板正劈头盖脸地向一位哆嗦的雇员发泄一大堆消极情绪，超过了雇员内心全部的能量储备。那么就得付出些东西。当 $GMm/R \approx mc^2$ 时，就到达了这一临界事态。将 mc^2 考虑成粒子的内在储备。再一次，m 被约掉了（惯性质量与引力质量间著名的等价性）。我们找回了差不多的米歇尔 – 拉普拉斯判据：$GM/c^2 \approx R$。

这个论证的一个优点是它为霍金辐射（Hawking radiation）播下了种子，我们马上就会看到。

◖一个黑洞的视界

> 如你所见，这场战争对我够好的了，尽管炮声隆隆，它还是允许我摆脱这一切，步入你思想的领地。
>
> ——卡尔·史瓦西，《致阿尔伯特·爱因斯坦的信》

对黑洞的精确表述还得等到 1915 年爱因斯坦的引力理论[1]。

---

[1] 令我印象深刻的是，从米歇尔的猜想到爱因斯坦的精确表述只花了区区 132 年。

在爱因斯坦引力论中，一个有质量的客体会弯曲它周围的时空。如果这个客体的质量对它的尺寸来说太大了，笼统地讲，它周围的时空会弯曲得过分，以至于完全包覆了其自身。光都被困在内部。实物粒子就更容易被困住了，因为它们不能跑得比光还快。

要从爱因斯坦的理论得出米歇尔 – 拉普拉斯判据 $2GM/c^2 > R$，当如下所示。

你先坐下来，对真空中一个大质量天体求解爱因斯坦方程。换而言之，你得确定时空看起来是什么样的。离这个大质量天体很远的地方，引力效应鞭长莫及，时空相当平坦，我们就喜欢这样。但是你知道并已经知道了几个世纪，根据牛顿的理论，引力场随到这个大质量天体距离平方的增大而减弱。引力场非常弱，但并非彻底为零。不管怎样，在引力场很弱的地方，爱因斯坦的理论和牛顿的理论必须一致！

其实，因为你是在真空条件下求解大质量天体的爱因斯坦方程，爱因斯坦的理论和牛顿的理论在远处必须一致，这个要求是知道天体质量 M 的唯一途径。

现在，你检查一下你用来描述大质量天体外部弯曲时空的解。在远处，时空几无弯曲。但是，随着你越来越靠近这个大质量天体，时空弯曲得越来越厉害，以至于到了离天体距离为 $2GM/c^2$ 的位置，时空弯曲到能困住光。

因为你是在真空条件下求解大质量天体的爱因斯坦方程，这

个距离 $2GM/c^2$ 只在大质量天体的外部有意义，即仅当 $2GM/c^2$ 大于天体半径 R 才有意义。

针对一个黑洞的米歇尔－拉普拉斯判据 $2GM/c^2 > R$ 就蹦出来了。

为了进一步澄清这一论述，让我们琢磨一下地球为什么不是一个黑洞。在日常生活的意义上，地球的质量对我们来说大到难以置信，但在我们探讨的背景下，地球的 M 相当小。这使得 $2GM/c^2$ 这个量微乎其微，比地球的半径还要小。地球并不满足米歇尔－拉普拉斯判据。

对一个质量为 M 的天体，$2GM/c^2$ 这个量定义了一个叫作视界（horizon）的距离。如果你到天体中心的距离小于视界 $2GM/c^2$，那你就在劫难逃了。顺便说一下，"horizon"这个术语选得恰到好处，当一艘离港的船"渐沉"天际（horizon），它就消失于视野之中。如果你穿越了一个黑洞的视界，你便消失于可见的宇宙。

我们现在已从几个视角审视了米歇尔－拉普拉斯判据，基本含义都不变的。[1]一个要变成黑洞的天体，它的质量相对于它的尺寸来说一定要够大，换而言之，它的尺寸相对于它的质量来说一

---

[1] 在爱因斯坦的引力模型中，存在光速极限的限制，故而"视界"（不论是对光子，还是实物粒子）只许进不许出，但牛顿的引力模型（或者说米歇尔－拉普拉斯模型）中，则没有这样的限制。——译者注

定要够小。

有趣的是，就描述大质量天体外部弯曲时空的解，获得此解的第一人不是爱因斯坦，而是卡尔·史瓦西（Karl Schwarzschild, 1873—1916）[1]，就在爱因斯坦理论发表后的几个月内。史瓦西的成就的确非同凡响，彼时值第一次世界大战，服役于德军的他正置身于炮声隆隆的俄国前线（一年后他便去世了）。我始终跟我的学生们讲，他们如今安坐于平静的书桌前，理应解出史瓦西黑洞。

‖ 小心漏斗

你也许已经见过将黑洞描绘成漏斗状东西的图片，要不然就是一张被大质量圆球压得凹下去的橡皮膜。离这个漏斗或橡皮膜上的凹陷很远的地方，表面应该是平坦的。这种图像及其变体广泛见于杂志、报纸、通俗作品，甚至是教科书的封面（如下图所示）。

在许多科学博物馆里，访客们受邀把一个小球抛到一个真实漏斗状构造的表面。如果你朝一个角度抛球的速度足够大，它会绕着漏斗中心旋转，慢慢地盘旋下降，落入中心处黑暗的"无底

---

[1] 巧的是，Schwarzschild 这个姓氏可以看作 schwarz（black）+schild（shield），即"黑暗之盾"，竟与"视界"暗合。——译者注

■ 在大众传媒上，这个漏斗常被用于表示一个黑洞。

洞"。当然，如果你沿径向抛球，它会径直落进去，"被不可抗拒的力量吸进"黑洞，在访客的脑子里，这个洞通常被当成一个"邪恶之源"。博物馆里这样的一件陈列品愉悦了游客，在某种程度上又对他们有所教益，但它充其量不过是在误人子弟。[6]按我教授爱因斯坦引力论的经验，它确确实实把一些学生弄得晕头转向。

我当生物学家的儿子告诉我，他那些具有超高学位的同事们，对存在两种"引力"感到困惑。把球"吸入"漏斗的实际力量自然不过是"表观的旧引力"，是地球从外部施加的。同时，漏斗的弯曲表面多少又象征了爱因斯坦对"真正引力"的深刻洞见。

我衷心希望你没有被弄糊涂。

　　当然，就爱因斯坦的弯曲时空观，我会在附录里尽力让你品出一点儿味道，它比一个漏斗可以传达出的东西深刻得多。首先，时间如何在一个漏斗里弯曲？不用说，对一个帮助一些人理解爱因斯坦引力论的玩具模型，坚持要它面面俱到是无理取闹。

第 16 章
量子世界与霍金辐射

◀|量子物理学速成

　　只要你不是巴布亚的猎头人，你就很可能听过我们实际是生活在一个量子世界里，此中万物皆在不断晃荡。这便有了海森伯不确定性原理（Heisenberg uncertainty principle）：你永远也无法确切知道万物何在。量子世界就像一个日托幼儿园：小孩子们到处乱跑。不同于经典物理学，量子物理学不允许你任意精确地定位一个粒子并测量它的动量，不管你怎么改进你的测量手段。[①]

　　更确切地讲，海森伯告诉我们，一个粒子位置的不确定度乘以它动量的不确定度等于一个基本常量，即所谓的约化普朗克常量[1]。一个的不确定度越小导致另一个的不确定度越大。如果你精

[①] 海森伯不确定性原理中的所谓"精确"关乎一个理想的高斯分布（正态分布）的方差。相关讨论不宜脱离这个前提。有志深究的读者，建议查阅：曹则贤. 物理学咬文嚼字之四十四：*Uncertainty of the Uncertainty Principle*(上，下)[J]. 物理，2012, 41(02,03):119-124, 188-193.——译者注

确地知道一个电子的动量（动量的不确定度较小），你就不知道它在哪儿了（位置的不确定度较大）。反之亦然：如果你试图定位一个电子，你最终就不知道它跑得有多快。

在量子物理学中，位置和动量被称作一组互补对。时间与能量形成另一组互补对。这么说的意思是，如果你缩短对一个系统的观测时间间隔，你就不会知道它的精确能量。反之亦然：如果你精确地知道一个现象的能量，你就不会知道它何时出现。

这里引一段原话：这种永恒的不确定性导致了黑洞的霍金辐射。

此中详情，待我细细道来。

▌两次了不起的进步

让我们把 20 世纪物理学中两次了不起的进步提炼为两个镀了金的方程，每一次进步，都伴随一个好记的"宣传口号"。让我们先来说说量子物理学，稍后再谈谈狭义相对论。

> **镀了金的量子力学方程**
>
> 不确定性原理：$\Delta E \sim \hbar / \Delta t$
>
> 宣传口号："账目差错在短时间内不会露馅儿！"

ΔE 的账目差错[①]仅在短时间 $h/\Delta E$ 以内能被容忍。账目差错越大，它被发现并更正就会越早。相较而言，一个微小的账目差错可以持续一段长的时间。在这个意义上，量子世界实际上与我们日常生活的世界是一致的：窃取公帑者，要想长期不被揪出来，一次只捞一丁点儿或许勉强可以一试。[2]

修习量子物理的学生要学会应付这些涨落起伏的不确定性。但是，这些短时间内的能量涨落能做些什么？实际上，聊胜于无。设想学生们在参加一场量子力学的考试，要算出一个盒子里两个电子的行为。他们会一直算到精疲力竭，但盒子里仍是两个电子，一个不多，一个不少。

另一次了不起的进步是狭义相对论，以及那个出名到一塌糊涂的质能方程。

镀了金的狭义相对论方程

能量与物质可互相转换：$E = mc^2$

宣传口号："账目差错能变成现货！"

---

① 物理学家们使用希腊字母 delta Δ（比如密西西比河三角洲 Mississippi delta 和德尔塔航空公司 Delta Airlines 中使用的）表示不确定度。能量的不确定度 ΔE 由所谓的约化普朗克常量 $\hbar$ 除以时间的不确定度 Δt 给出。约化普朗克常量为量子不确定性提供了一种度量。

能量能转化成质量，粒子在这里遵循的是爱因斯坦的著名方程 $E = mc^2$。我们前面说到的窃取公帑者可以将一个账目差错转变成一辆兰博基尼。但是，若这个世界是非相对论性的，那不过是他的一枕黄粱。

◖两个分立的古怪世界，但还古怪得不够

如前所述，在一个没有相对论性的量子世界里（按专业术语，支配这个世界的是所谓的非相对论性量子物理学），量子涨落能做的聊胜于无。账目差错在时间 Δt 之后就会被注意并得到矫正。

在一个没有量子性的相对论世界里（支配这个世界的是所谓的相对论性经典物理学），能发生的还是聊胜于无。是的，一次能量涨落可以转化为粒子，但这里压根儿就没有能量涨落。

我们已探讨过两个迷人的世界，二者都迥异于我们日常所在的世界（支配它的是非相对论性经典物理学）。其实，任何一个皆自有其离奇之处，[1]正因如此，二者在通俗物理作品中已被夸张地描述过了。

简要回顾一下，在 20 世纪初，物理学家们揭开了两个离奇

---

[1] 尽管有时间膨胀这样令人费解之事，相对论性的经典世界还是相当好理解的，而非相对论性的量子世界，在将近一个世纪之后，对物理学家们来说，仍是一团迷雾。

世界的面纱,一个是相对论性的经典世界,另一个是非相对论性的量子世界。任何一个皆自有其惊人古怪之处,但还古怪得不够。

	大	小
快	近光速的火箭飞船,不需要量子力学	量子力学与狭义相对论的联姻
慢	经典物理学	一个质子散射出的慢速电子,不需要狭义相对论

■ 物理学的方格表。右上角展示了量子力学与狭义相对论的汇合。

当物理学家们试图将此二者结合起来之时,好戏才真正开场。

◀ 当海森伯博士遇上爱因斯坦教授

量子力学和狭义相对论双剑合璧,新鲜的东西可以登场!

现在,账目差错比比皆是,而它们能变成现货。

大约在 20 世纪中叶,当物理学家们将量子力学和狭义相对论结合起来时,一个振奋人心的新学科诞生了,它被称作量子场论。随之而来的是那些深刻而新颖的观念,其中一个便是虚无。

◀ 虚无的重要性

在量子场论中,一个虚无的状态被称作真空[3]。但在量子场论中，虚无并非纯然一无所有；正相反，在某种意义上，它应有尽有。真空是量子涨落的一片澎湃之海，随之沸腾的是粒子及其相应的反粒子，它们无中生有，又倏忽湮灭，复归于无。根据不确定性原理，住世时间之短取决于粒子—反粒子对的能量。

更确切地说，当真空中的一次能量涨落 ΔE 超过 $2mc^2$（其中 m 为电子质量），那么它就能产生一个电子和一个反电子（被称作正电子）。随着量子力学与狭义相对论的结合，粒子能魔术般地现身！

但是，这场魔术只能持续一段短时间[①] Δt，比方说，要在马车（也可以说兰博基尼）变成一个大南瓜之前结束。嗖的一下，电子和正电子就烟消云散啦！按物理学家们的说法，电子和正电子彼此湮灭了。

其实，这个探讨中的电子没什么特殊之处。你瞧，这就是物理学家们为什么将虚无当作一片澎湃之海，每种可设想的正反粒子对在其中生生灭灭，倏忽无常。粒子的质量越大，住世时间越短。

但现在，我们可以将此论证向前再推进一步。不再从虚无开始，让我们设想两个电子相互碰撞，伴以巨大的能量，记为 ε，远远超过 $2mc^2$。再一次，在两个相撞电子的邻近区域，一次量子

① 一些读者或许意识到了，它的数量级为 $1/(2mc^2)$。

涨落能产生一个电子和一个正电子。但现在我们不需要一个账目差错：能量账户里大量款项已经变成了现货。这一切都是合法的。

与我们之前的故事不同，这种正反粒子对的持续时间不再有任何限制：所需能量可以简单地从 ε 中取得。真空产生一个正负电子对至少要花费 $2mc^2$，所需能量取自两个对撞电子，这两个电子最终剩下的能量不大于 $\varepsilon-2mc^2$。因此，有了两个高能电子，我们最终就可以有三个电子和一个正电子。这个过程被称作粒子偶生成，循例在实验室中观测到了。

◀量子力学与狭义相对论的联姻导致了量子场论

其实，只要能量足够就行了，在探讨中并没有说产生的正反粒子对必须是由一个电子和一个正电子组成的。可以是某位理论家昨夜梦见的一个怪物粒子和它的反粒子。两个以足够能量对撞的电子完全可以产生某些迄今未知的粒子。

一言以蔽之，这解释了物理学家们为何要大张旗鼓地不断寻求资源来建设愈发高能从而产生更多粒子的对撞粒子加速器。[1]其希望自然是在这些产生的粒子中或许会有某些从未有人见过

---

[1] 在我们的故事里，我谈的是对撞电子。出于技术性的原因，让两个质子对撞要更容易些，比如在大名鼎鼎的大型强子对撞机（LHC）上。

的，从而赢得一次通向斯德哥尔摩的免费旅行。

量子力学与狭义相对论的联姻催生了一门美妙绝伦的学科——请来点儿音乐！——它被称为量子场论。[4]它揭示了未曾在量子力学或狭义相对论中发现的全新物理学。

这岂非一个青取之于蓝而胜于蓝的案例！

◖霍金辐射

你看，当理论物理学家们将量子力学和狭义相对论结合到一起，新的物理学就诞生了。你或许还注意到了，截至目前，引力并未进入我们对量子物理学的探讨。这个紧要的问题是霍金提出来的。遵照有关真空中一次量子涨落的讨论，假如该涨落是在一个黑洞的邻近区域会怎样？

我们说的邻近区域是什么意思？回忆一下我们之前对一个黑洞视界的探讨。想象一次在视界附近的量子涨落，它产生了一个粒子和它的反粒子。由于不确定性原理，我们没法确定二者是都在视界以内，还是都在视界以外，抑或是一个在外而另一个在内。在这四种逻辑上的可能中，最后两种尤其有意思（注意，我在前面中说的是"四种"和"两种"）。

具体说来，假设反粒子在视界以内在劫难逃，而粒子在视界以外溜之大吉（听起来像某个冒险片的结局，不是吗？）。一位远离黑洞的观察者看到粒子自黑洞而来并得出结论，黑洞在辐射粒子。同理，我们也可以令粒子在视界以内在劫难逃而反粒子在外溜之大吉。远处的观察者实际上会看到黑洞辐射出等量的[①]粒子流和反粒子流，这被叫作霍金辐射。

扼要总结一下霍金辐射是如何产生的。如果我们离一台高能对撞机很远，量子涨落产生的正反粒子对只能持续一段短时间。我们周围没有对撞粒子来攫取能量。由于不确定性原理，整个过程只能持续片刻。但若我们在一个黑洞视界的附近，我们就可以间或将粒子或反粒子赶走，眼不见而心不烦。

继续我们的类比，如果银行的某个不曾有检验员冒险涉足的阴暗角落藏有一笔贿赂金，一个账目差错就可以持续并变成现货。抑或，有一个检验员的确冒险去过了那儿，但她被困住了，没法逃出来讲这个故事。

你也许会对宇宙整体上的能量守恒有所怀疑。其实，霍金辐射过程中的能量是守恒的。根据爱因斯坦的质能关系式 $E = mc^2$，黑洞损失的质量等于霍金辐射带走的质量与能量之总和。

---

① 其实，黑洞根本不在乎我们将哪一个称为粒子而哪一个又叫作反粒子，这种命名是历史原因造成的。

第17章
引力子与引力本质

◀ 量子力学与广义相对论的联姻会通向量子引力论（我们期望如此）

截至目前，我们对引力的探讨完全建立在经典物理学的基础上。即便是霍金辐射，严格说来，也是基于对引力的经典理解。

一些读者可能会对这一要紧处感到困惑，因为在我们对霍金辐射的讲述中，一直说的是量子涨落产生了粒子与反粒子。但要注意，这是生成正反粒子的场（比如，电子场）中的量子涨落，不是引力场中的量子涨落。引力的职能可以说"纯粹"就是弯曲时空，而经典引力完全堪当此任。这个学科与霍金辐射相关的分支被称作弯曲时空中的量子场论。

相较而言，在一个真正量子化的引力理论中，时空不仅是弯曲的，还会发疯式地涨落。引力场——即爱因斯坦理论中的弯曲时空——本身就是量子化的。

因此，为了"完善"我们对物理学的理解，正如我们如今所知的，我们有义务让量子力学与广义相对论联姻。物理学家们朝思暮想的结果便是一个量子引力的理论，其中弯曲时空在不断地涨落。好啦！你现在觉出一点儿端倪，为什么量子引力的一个完备理论如此遥不可及：我们根本搞不懂疯狂涨落的时间与空间，无论那意味着什么。[1]

◀引力子上场了

现在让我们回到引力波，但首先，我们要回顾一下电磁波这个更熟悉情况。在经典物理学中，一束光波就是一束电磁能的波动。然而，在量子物理学中，能量是一份一份的。当我们更细致地考察一束光波，就会看到这束波实际上是由巨量极小的电磁能包构成的，这些极小的电磁能包被叫作光子（正如在第 3 章已经提到的）。光子[2]即光的基本微粒。

这一情境使我想起那些以鸟瞰镜头俯拍成群牛羚迁徙的自然纪录片。远远看去，只见深棕色的浪潮奔涌向前。随着镜头推近，我们看到浪潮逐渐分化成一只只奋蹄如奔雷的牛羚。类似地，随着镜头推近，我们愈发细致地考察大自然，就会看到被经典物理学家们当作一束光波的东西逐渐分化成一个个巡弋向前的光子。[3]

同理，在量子层面，一束引力波是由引力能包构成的，这些引力能包被恰如其分地称为引力子。[1]

▌一窝蜂式的引力子

经典物理学家们说，有质量客体会对彼此间激发的引力场做出反应。对一个量子物理学家来说，引力场是由一窝蜂式的引力子构成的。一个激发出引力场的有质量客体实际是在发射和吸收这些一小份一小份的引力能。因此，在量子物理学中，两个有质量客体的引力相互作用靠的是交换引力子。同理，两个电荷的相互作用靠的是交换光子。

你可以说，我们差不多是在地球生成的一窝蜂引力子中"游泳"。

▌无休无止的生成导致没完没了的麻烦

早在第3章里，我就承诺过要给你讲讲引力与电磁相互作用间的天壤之别，这一巨大差别给理论物理学家们招致了没完没了的麻烦。这个差别的种子在爱因斯坦创立狭义相对论时就已播下，

---

[1] 物理学家们直到最近才探测到引力波，所以他们肯定还没见过引力子。其实，在可预见的未来，实验家们还看不见探测到一个个的引力子的前景。尽管如此，理论家们还是像相信量子物理学那样相信引力子。

他的理论说质量和能量是一回事。

假设有一个大质量天体，比如一颗恒星。根据牛顿和法拉第的理论，其质量在其周边激发出了一个引力场。但一个场里是有能量的。这在牛顿和法拉第看来已大功告成了。但爱因斯坦不这么看，他说能量和质量是一回事。因此，若质量可以激发出一个引力场，那么能量也行。引力场里的能量反过来又激发出一个引力场。

一个引力场生成了另一个引力场。这个过程将会没完没了地进行下去：这一过程在数学上被描述为一串无穷级数。正是这种无休无止的生成导致时空差不多蜷曲自身①，比如，形成一个黑洞。

对比一下引力场和电场。一个电荷激发出一个电场。电场携带的是能量，而非电荷。它并没有激发出另一个电场。这个过程终止了。一个电场并没有生成另一个电场②。

如前所述，按物理学的专业术语，电场相互作用是线性的，因此，在某种意义上，被看成是"平庸的"。相比之下，引力是高度非线性的，也是棘手的。比如，运用传统的数学（我指的是专业术语中的"解析方法"，即用笔和纸来算），我们不指望能

---

① 和第4章里提到的水波在海边蜷曲自身没多大区别。

② 这个说法在经典物理学中是正确的。在量子世界里，一个电场能激发出另一个电场，但在正常情况下，该效应很弱。

计算出在两个黑洞融合的最后阵痛中产生的引力波。具备强大运算能力的计算机被用作生成可与探测信号相比较的理论曲线，[4]正如第 9 章提到的，那就是 LIGO 实际所需。

要注意两个重点。其一，无休无止的生成在经典的爱因斯坦引力论中已然现身，甚至是在我们试图量子化引力之前。其二，这种非线性的困难是技术性的，不是观念性的。它反映的仅是我们不能用解析方法来计算。

◀ 我们的量子曲柄似乎对引力无效

在此，我稍作停顿，为诸位读者澄清一个潜在的易混点，大家或许已发现物理学家们经常说要量子化这个或那个理论。其实，被用作主动动词的"量子化"（quantize）这个词意味着将一个经典理论转变成一个量子理论。因此，当我们量子化牛顿的经典力学，就得到了量子力学，而当我们量子化麦克斯韦的经典电动力学，就得到了量子电动力学，以此类推。如今，量子化包含一套教授给学生们的程序：它就是一个传动曲柄[①]，物理学家们借助它将任一经典理论转变成一个量子理论。

但是，这并不能保证由此得到的量子理论会有意义，或者更

[①] 机械中的曲柄（crank）可以实现往复运动和圆周运动的相互转化。——译者注

准确地讲，表现"得宜"。当我们将爱因斯坦引力论置于量子曲柄下并转动它时，竟产生了一个没法驯服的理论。更确切地说，在牵涉引力的过程中，量子涨落随能量增长，以至于当我们达到约 10^{19} GeV 的所谓普朗克能量时，涨落会大到完全失控。[5] 被认为可靠的量子曲柄对引力无效，这在过去的八十多年里自然一直是理论物理学中一切烦恼的根源。

记性好的读者会回想起我早在第 2 章就引入了极大的普朗克数 10^{19} 用来度量引力何其之弱。是的，普朗克能量[①]与普朗克数相关，不过是再次反映了引力比之于其余三种相互作用是多么"不相称"。

顺便说一下，在探测到引力波后，大众媒体的一些报道认为这一发现有助于我们理解量子引力。但是，这里有点儿误会。从 13 亿光年外来到我们跟前的引力波完全是一种经典波。LIGO 肯定没有探测到一个个的引力子。

我们刚才探讨的无休无止的生成至少是造成这个大麻烦的部分原因，但是针对这个无休无止的生成，我们已掌握了其他理论。[6] 一个更严重的难题或许是我们对时空的不当理解。

回顾一下 1886 年发现电磁波以来的历史对理解量子电动力

---

① 有另一种方式来揭示普朗克能量有多么庞大，请注意大型强子对撞机（LHC），这个世界上最强大的加速器，能达到的能量约为 10^4 GeV。

学或许是有益的。理论的认识不能被精确地标定时间：不是说，理论物理学家们头一天还搞不懂量子电动力学，第二天早上醒来就了如指掌了。但为了探讨方便，让我们从 1950 年说起，那是探测到电磁波的 64 年之后。照这个天真的"推理"，我们或可预期量子引力动力学[7]在 2080 年面世。这个类推显然太悲观了，不足取信，量子力学最终在 1926 年形成了现在的形式表述，它在 1886 年连个梦想都不算。

对掌握量子引力的奋斗，普遍看法是我们已有合适的曲柄在手，我们只是没有恰当地运转它。

我建议另一种可能性：在我们能掌握量子引力之前，物理学中必须要有一个新的结构出现。一些人或许会说，这种结构已经借弦理论的幌子现身了，但对理论物理学而言，加入一个真正的革命性框架，其深刻堪比量子力学，也许要令人振奋得多。或许量子力学必须要被修正或推广。将我们幼稚的"类推"推进到无以复加，或可预期这要到 2056 年左右，即探测到引力波的 40（= 1926−1886）年之后。

两个有质量客体的量子舞蹈

假设有两个有质量的客体，比方说，你和地球。一个有质量客体发射出的引力子被另一个吸收，如前所述，反之亦然。

　　这就是量子物理学家们如何描绘两个有质量客体间的引力摇摆舞：随它们到处摇摆，彼此交换引力子。顺便说一下，如果你听说过费曼图（Feynman diagrams）又想弄明白它们是什么，这儿有一个例子是用一张费曼图描绘刚才以语言描述的过程。[8] 这个过程快速地重演。两个客体间不断的引力子交换产生了观测到的万有引力（同理，两个带电粒子间不断的光子交换产生了观测到的电磁力）。

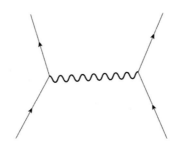

■ 描述两个粒子（带箭头的实线）间交换一个引力子（波浪线）的费曼图。你可以将此视作一个发生在时空里的过程，时间沿纵轴而空间沿横轴。

　　我将这种不断的引力子交换比作老式的媒人在两家之间奔走，告知彼此对方的意图。[9]

　　自物理学初创以降，力就一直是最基本也是最神秘的概念之一。因此，物理学家们相当满意，他们总算将力的起源归因于引力子、光子之类中介粒子的量子交换。

❙ 一种道义上的必要，而非实践上的必需

就这一点，一些读者或许有理由存疑。

"你之前告诉我们，历经数十年，物理学家们已折戟于构造一个表现良好的量子引力论，但现在你又说寻常的引力现象能被归因于引力子的交换。到底是怎么回事？"

就寻常引力而言，比如说，你和地球之间几乎但不完全致命的吸引力，地球发射出的引力子表现得很好：到你跟前的每个引力子不会和别的引力子混杂。同理，你发射出的引力子直接抵达了地球。用更专业的语言，在你和地球之间交换的引力子直接从一个有质量的物体到达另一个，不会停下来和别的引力子相互作用。这些引力子可谓是自由传播的。引力子彼此相聚之日正可谓是天翻地覆之时，如我们所知，量子引力会完全失控。

在这样的语境中，第 2 章里谈过的引力何其弱拯救了我们。如同已解释过的，引力场和物质的相互作用极其微弱。在你和地球的相互作用间传递引力子的效应只会对牛顿的引力定律产生一个微小的校正。

因此，正如你的怀疑，牛顿的经典引力论足以应付几乎一切实践用途，从建筑摩天大楼到发射人造卫星。如此汲汲于量子引力并非一种实践上的必需，而是一种"道义上的必要"。其实，一些量子引力的探索者已准备好为这一壮志难酬而杀身成仁，或

者至少要作冷眼切齿之状，另一些物理学家根本不操心量子化引力的失败 [10]。

第18章
来自宇宙暗面的神秘讯息

重大消息：宇宙有一个暗面！物理学家们大吃一惊。首先是暗物质，然后是暗能量。

这是一段当时的新闻，欲知详情，待我细细道来。

◖暗物质

> 不要总盯着恒星；我们已经知道那儿有什么了。将目标锁定在星际空间，那里才是真正神秘之所在。
>
> ——薇拉·鲁宾告诫青年物理学家

设想一下，你在游乐场里看着自己的小孩正欢快地骑在旋转木马上，他按指示紧紧抓住扶手。你心不在焉。突然，你注意到旋转木马转得太快了。你会本能地冲上去，生怕自己的小孩会被甩出去。[1]

这差不多就是天文学家[2]自 20 世纪 20 年代以来观测到的。一个星系往往会旋转，这意味着组成该星系的亿万星辰一致绕着该星系的中心公转。天文学家们可以借助光的多普勒效应（Doppler effect）测量这些恒星的公转速度。

声音的多普勒效应在日常生活中并不稀奇：一辆救护车鸣笛的音高在靠近和远离时听起来是不一样的。同理，一颗恒星在靠近时发出的光会蓝移（频率升高），而远离时又会红移（频率降低）。偏移量正比于该恒星的公转速度。

当天文学家们考察旋转星系里恒星运动的多普勒数据时，他们的惊恐反应和我游乐场比方中父母们的体验差不多。这些恒星运动得太快啦！

实际上，是弗里兹·茨维基（Fritz Zwicky）[3] 在 1933 年第一个想到（并创造了术语）"暗物质"，他观测的是一个星系团里的星系运动，而非单独一个星系里的恒星运动。但基本原理是一样的。单个星系运动得太快了，以致要是没有大量看不见的物质靠万有引力拉住它们，它们就会飞离这个星系团。

到 20 世纪 60 年代，观测技术取得进步，以至于薇拉·鲁宾（Vera Rubin, 1928—2016）[4] 和肯特·福特（Kent Ford）能够测量旋转星系里不同区域的恒星集群运动，[5] 从而牢固确立了一个观念，即星系本身遍布这种看不见的暗物质。

如第 5 章中的解释，我们在日常生活中需要接触才有力。旋转木马上的小孩们被告知要紧紧抓住扶手。那些恒星当然没有什么东西来紧紧抓住，它们没有飞向深邃寂寥的太空靠的是星系里数不胜数的其余恒星施于它们的万有引力。这是一项集体事业：

这些恒星形成一个被称为星系的集团凭借的是它们彼此间的万有引力。注意，即便按牛顿的说法，引力随距离平方的增大而减小故而在星系尺度上微乎其微，把星系中其余海量恒星的牵拉叠加起来，还是能将这些恒星束缚在星系里。

这是个理论上的期望。是的，数据显示，其余恒星施于任一给定恒星的引力牵拉的确会叠加，但总量还是不够。当所有恒星飞向深空，各奔前程，不再同舟共济，星系就会分崩离析。我已将故事稍作简化，但只是简化了一点点。天文学家们实际掌握的数据关乎恒星绕星系中心公转的速度如何依赖于它们到中心的距离，而这也与理论预期不符。[6]

有一个重点：注意，这个暗物质的故事同爱因斯坦引力论本身没有关系。牛顿的引力论完全足以解释星系尺度上的运动。

暗物质的观念由此诞生。[7]诸星系，包括我们自己的银河系，一定充斥着一类神秘的物质，它们具有相当多的质量。这种未知的物质被名之以暗，因为它既不发射也不吸收光。显然，它不能发射光（否则，我们早已看到了），也不能吸收光，因为我们能看见星系另一边的恒星（在考虑了各种各样观测到的星际粒子尘埃云之后）。

注意，比之于电磁相互作用，我们在第 8 章说到的引力普遍性在这里至关重要。不管暗物质是什么，即便它与光无关，它也必须顺从引力，因为引力正是弯曲时空。

正统的看法是，暗物质由迄今尚未知的基本粒子构成，这些粒子不会与光发生相互作用。事实上，这些极易被引入粒子物理学的标准理论不过是别将这些粒子同电磁场耦合到一起，即是说，让它们呈电中性。因此，在地面实验室里，一项旨在探测这种粒子的浩大工程启动了。近来，针对这种看法，些许质疑已悄悄混入，这只是因为多年辛勤搜寻之后，人们仍旧一无所获。

纵然如此，比起市面上那一种极具揣测性的看法，我仍更倾向于这种暗物质观。早在 1983 年，以色列物理学家莫德海·米尔格罗姆（Mordehai Milgrom）提议修正牛顿定律来解释星系的自转。[8] 你或许以为，这么多世纪以来，牛顿式的物理学已然经过彻底的检验并得到证实。对，但是旋转星系里恒星的加速度比地球上和太阳系里测到的任何值低得多。

我在第 14 章评述过，爱因斯坦的理论极其严密：它不能被轻易地修正，除非折载于各种各样的著名检验（比如，光的弯曲），该理论已漂亮地通过了那些检验，更不用说我们日常对 GPS 的运用，它不得不考虑源于爱因斯坦引力论的校正。相较而言，牛顿的那些定律相当粗略。你想要修正牛顿的物理学？那就动手，但要确保你的修正效果微弱到只在星系尺度上才显现得出来。我个人以为这样对牛顿定律的强行修正既做作又讨厌。

欲成为理论物理学家，学生们被告知要保持一个开放的心态，不要不问情由就拒斥那些非正统的意见（当然，假使它们与已知的事实一致）。但话说回来，一个人心态不应开放到四面漏风，那可能就剩下个空空如也的脑袋。

在此，我或可提及作用量原理胜于运动方程之法的另一个优点。修正牛顿物理学的作用量要比修正牛顿物理学的运动方程难得多。

◖暗能量

当爱因斯坦的引力理论大功告成之时，他没有预料到宇宙会膨胀，后来这个现象被维斯托·斯里弗（Vesto Slipher）、弥尔顿·赫马森（Milton Humason）、埃德温·哈勃（Edwin Hubble）等人发现了。按第 12 章里给出的爱因斯坦－希尔伯特作用量，如果我们用已知的粒子（即原子、分子、电子、质子、光子，凡此种种）填满宇宙，它就会膨胀。我只需从附录中拿出描述一个膨胀宇宙的度规，将之塞进据作用量得出的方程里，再解出度量宇宙尺寸的函数 $a(t)$。事实上，如今，在爱因斯坦创建引力论的一个多世纪后，一名高年级的大学本科生就能胜任这样的计算。他会发现 $a(t)$ 在增大，但增大得越来越慢。[9] 换而言之，宇宙在膨胀，但膨胀在减速。

这能被启发式地理解为已知的粒子通过它们不规则的运动向外施压，导致了膨胀，但粒子间的万有引力趋向将每一个拉回来，因此又减缓了膨胀。

令人大吃一惊的是，20世纪90年代的遥远超新星观测表明宇宙的膨胀实际是在加速而非减速。与某些大众传媒给人的印象相反，这一效应能轻易地被纳入爱因斯坦的引力论。回忆一下我在第13章对爱因斯坦引力论的解释，作用量务必要由几何不变量构成，而除了曲率外，时空的体积显然也是一个不变量。我们尽可以给爱因斯坦 – 希尔伯特作用量添上所谓的宇宙学常量项，用时空体积乘以宇宙学常量 Λ 来构造。顺便说一下，爱因斯坦充分意识到加入这一项的可能性（要是作为一名数学家的希尔伯特不知此事，我才会大惊失色）。

加入宇宙学常量项导致支配宇宙膨胀的方程里额外增加了一项。再一次，我们聪明的大学本科生[10]可以凭 Λ 的恰当选择轻而易举地揭示这一点，他可以让宇宙膨胀得越来越快。这么一位大学本科生还会注意到，宇宙学常量项，顾名思义，只在宇宙学意义的距离尺度上起作用。于是乎，它丝毫不会影响我们从太阳系尺度一直到银河系尺度极其成功的引力相关计算。

为完备起见，我应该提一下，针对宇宙加速膨胀的其他解释业已浮现。[11]但是，既然宇宙学常量是现成可用的，我相信大多数理论物理学家为简便计宁愿使用宇宙学常量，而不是被迫去发明一些不足以服人的其他构造。

理论物理学中的宇宙学常量 Λ 有一段相当曲折的历史。[12]如我提到过的，其存在的可能性自爱因斯坦的时代就是已知的。但是，因为它只对宇宙的膨胀有影响，数十年来，Λ 在数学上都被假定为零。遗憾的是，虽然许多理论物理学家都尝试过，没人能拿出一个有说服力的理由来解释为什么应该如此。现在，观测数据已表明它极小 [13] 但不是零，迷雾竟越来越浓。

在此处和第 14 章，我将爱因斯坦引力论赞誉为一个滴水不漏的理论。但在当前的语境中，也可以说爱因斯坦的引力论太粗略了：它竟容许有两个基本常量，牛顿引力常量 G 和宇宙学常量 Λ。或许，这种情况呼应了尼尔斯·玻尔（Niels Bohr）的一个冒牌哲学论断，即一个伟大真理的对立面还是一个伟大的真理。令人讨厌的是，宇宙学常量 Λ 只在宇宙学尺度上才现出真身。

暂时将这些深层次的问题搁到一边，先解决一件琐事，它无缘无故地将普罗大众弄糊涂了。在爱因斯坦的理论中，引力场的运动方程大致具有如下形式

（时空中的引力场变分）＝（时空中的能量分布）

当我们在作用量里加入等于时空体积乘以常量 Λ 的一项并对该作用量取极值以获得运动方程，那么运动方程里自然会蹦出额外的一项。这一项通常包含在方程右边的能量分布中。其实，这就是"暗能量"这个术语的源头，这种能量形式只能在宇宙的膨胀中显现。

但是，随便找位中学生都可以告诉你，等式 $a = b+c$ 完全能被写成 $a-c = b$。因此，某些无所事事的人宁愿将暗能量这项从爱因斯坦方程的右边移到左边，并将之视作某种引力之外的作用力。少数人甚至到了称之为反引力的地步，这么个术语，最好也就是无所启发，最坏就能误人子弟。它是一种新的能量形式吗？它是一种新的力吗？不知何故，这一争论在一段时间里甚嚣尘上（在博客圈，或者随便在什么大众传媒上），但在理论物理学界几乎没有激起一丝波澜。亲爱的读者，你能理解这是为什么。无论你把一项放到方程的右边还是左边都不会对其中的物理造成丁点儿改变。

这种情况令我想起对创意企业财会事务的诙谐描绘：根据你将一笔税项冲销放到分类账的左边还是右边，你就会赚一大笔或亏一大笔。

这是物理学的作用量形式表述胜于运动方程形式表述的又一优势。作用量不分左右两边，它就是一连串项的和，在志于统一的理论物理学家们看来，项数越少越好。你告诉宇宙安排是什么（即，作用量是什么），而宇宙会穷尽可能找到最好的安排。

◖协和模型

纵观历史，我们对宇宙的构想已发生了天翻地覆的变化。

当前，达成的共识被称作 ΛCDM 模型，也被叫作协和模型。Λ 代表什么你已经知道了，而 CDM 代表冷暗物质（cold dark matter），冷的意思是假定暗物质粒子到处游走的速度远低于光速。当前的测量表明，在宇宙总的能量和质量中，[14]暗能量占 68%，暗物质占 27%，而寻常物质（构成你我的物质）只有 5%，正如我们早在第 1 章里就已提到的。

这真是吓人一跳：直到最近，宇宙这宏大的暗面在很大程度上仍属不明，纵然它的存在有些蛛丝马迹。[15]

我们对宇宙理解日益增进的漫长历史是一个愈发谦卑的进程，是人类中心说和地球中心说的逐步消解。中国古人认为他们的中央之国居于天下的中心。希腊的阿纳克萨戈拉斯（Anaxagoras）被奚落是因为提出了太阳或许和伯罗奔尼撒（Peloponnesus）一般大。最终，哥白尼（Copernicus）掀起了一场革命，他提出地球不在世界的中心。①而以太阳居于银河系中心的信念还要持续到 1915 年，直至哈罗·沙普利（Harlow Shapley）确定了我们在银河边缘附近。几年之后，天文学家们相信我们的银河系是唯一的星系，以为我们如今识别出的其他星系只是银河系里的发光气体云。

---

① 当然，哥白尼不是第一个提出该观点的人，古希腊的阿里斯塔克（Aristarchus）就建立了日心说的雏形。——译者注

但是，正如我们最终逐渐认识到我们自身是一颗小小行星上的过客，这颗行星绕着一颗无关紧要的恒星公转，这颗恒星又迷失在一个相貌平平的星系边缘附近，而这个星系在一个相对疏散的星系团里漂泊，就在宇宙里某个同其余任一区域没什么不同的地方。我们得知构成你我和星辰的物质甚至未必是宇宙的主要成分。

我们还得要多么谦卑？

第19章
通向宇宙的新窗口

◖为了更好地了解宇宙

　　对引力波探测的振奋之情源自它有助于打开另一扇通向外部世界的窗口。

　　世世代代以降，关于宇宙的知识一直是以光的形式抵达我们之所在。后来，麦克斯韦与赫兹发现光只是电磁波的一种形式。随着针对其他形式电磁波的探测器的发展，微波天文学、射电天文学、红外天文学、紫外天文学、X射线天文学与伽马射线天文学相继诞生。归根结底，天体辐射出的电磁波只限于某个特定行星上的某种特定生物可探测的频率范围内，这是没有道理的。

　　宇宙的呢喃纵贯整个电磁波谱。就好像我们一直是透过一扇狭窄的窗口凝望宇宙，突然间，窗帘被拉开，表明这扇窗口事实上相当宽。

　　电磁窗口固然很宽，而我们躬逢其盛，又一扇窗口突然向我们敞开。在我们探索宇宙的历史上，2016年昭示着一个绝妙新纪元的黎明。我想起了那些风景名胜的声光秀。宇宙也正上演一出声光秀——更准确地说，一出引力波和电磁波的秀。但在 2016 年之前，它一直像是一部默片。突然，就有了声音。

要发展引力波天文学，好比我们都得长出第二双眼睛。新的信号类型会被接收到。[1] 一个令人激动的前景是引力波天文学或许会给予我们有关宇宙暗面的信息，否则这一面似乎注定要永远对我们隐藏。引力波天文学的到来将会为我们揭示之前从未见过的宇宙面目。

比 LIGO 更灵敏的探测器已提上日程。其实，建造它们的计划已酝酿了很长时间，因为人们一度越来越悲观，以为 LIGO 的观测能力已是尽头。尤其是欧洲太空总署（European Space Agency）已规划了空间天线式激光干涉仪（Laser Interferometer Space Antenna, LISA）及其改进型（eLISA）。三个航天器，各自占据等边三角形的一个顶点，这个三角形的边长达数百万千米，它们将在一条类地日心轨道上飞行。三个航天器之间的距离会由激光干涉仪精确测定，这是为了探测经过的引力波。

一些引人注目的计划已被公布。一种颇具吸引力的可能性是发射两颗人造卫星，各自携带一个用激光关联的原子钟。[2] 其思路是，根据爱因斯坦的理论，引力会影响时间的流逝，一束引力波经过会导致高精度原子钟的滴答速率略有不同。

将来什么时候，如果 eLISA 升空，根据设计要求，可预期在它投入运行的首日就会记录到数百个事件。如一位热心者高呼，"没有比这更好的物理学啦！"

对，更好的未来要靠引力波！

◀‖一个孩子向几位引力专家发问

一个孩子问道：为什么我们都会[3]落下来？

请几位专家来答复。

亚里士多德：好吧，大地是岩石和人类的天然归宿。岩石下落是因为它们想要回家。岩石下落得越来越快，快得像租来的烈马在临近马厩时会奋蹄飞奔，一路拖着惊慌失措的游客。当你从游乐场的攀爬架往下跳时，表达出的是想要回家的内心渴望。

牛顿：亚里士多德那家伙满口胡言。我访问了许多岩石，它们从不会说要回家。岩石和苹果下落是因为它们和地球以及宇宙中其余每一个客体彼此间都会施加一种吸引力。顺便说一下，当你跳下攀爬架，你实际上也在将地球拉起来。

爱因斯坦：牛顿是对的，但这个故事里还有更多可说的。牛顿所说的力源自空间与时间的曲率，顺便说一句，空间与时间只是时空的一体两面。地球扭曲了攀爬架周边的时空，以至于当你跳下来，你实际上是在寻求当前最好的安排，是在设法为你的作用量取极值。

量子引力的理论家：爱因斯坦莫名其妙地厌恶量子世界，纵然他是量子物理学的创建者之一。如果他不是这么顽固，他或许已经意识到他的弯曲时空要归因于数不清的引力子在到处闲逛。当你跳下攀爬架，引力子在你和地球之间发疯似的来来往往。

把亚里士多德晾一边——我确实觉得他说的不对——剩下三位说的都是真相。[4]

| 附　录 |

弯曲时空是何意？

　　我完全清楚许多聪明人觉得数学很吓人，然而数学对描述像弯曲和时空这样的抽象概念来说是一种不可或缺的语言。如我在前言中所说的，这本书的定位是略高于一本通俗物理作品又略低于一本物理教科书。这里所需的数学水平相当于导论性的微积分课程。

　　既然你正手捧本书，我敢打赌你比所谓街头巷尾的男男女女有见识得多。我能允诺你的是，如果你有足够的耐心贯通附录，你就会理解何为弯曲时空。当然，如果你无意于贯通附录，你还是能享受这本书的阅读体验。

　　我要讲的东西极多，或许会讲得极慢。一步一个脚印。第一步讲平直空间，然后是弯曲空间，接着是平直时空，最后是弯曲时空。在你飞起来之前，先得走上一走。

　　参加演出的有五位伟人：勒内·笛卡儿、毕达哥拉斯（Pythagoras，他有名而无氏）①、伯恩哈德·黎曼（Bernhard Riemann，

---

① 为了区分同名的人，可以称他为"萨摩斯（岛）的毕达哥拉斯"（Pythagoras of Samos）。——译者注

1826–1866）、赫尔曼·闵可夫斯基（Hermann Minkowski），当然还有阿尔伯特·爱因斯坦。

◀平直空间

　　故事要从笛卡儿讲起，我们在第 4 章讲水波时已遇到过他，他躺在床上的时候意识到可以用三个数定位一只嗡嗡叫的苍蝇。笛卡儿坐标（Cartesian coordinates）[1] 由此诞生。

　　暂不论笛卡儿那只飞来飞去的苍蝇所在的三维空间，让我们先琢磨一下简单的二维空间。假设有一个用坐标（x，y）标定的点（见图 A.1）。那么，一个邻近的点用（$x+dx$，$y+dy$）标定。按数学的说法，dx（叫作 x 的微分）不过是 x 的一个非常小[2]的变化。就我们在此的目的来说，dx 应该被认作是一个符号，而不是 d 乘以 x（例如，$x = 1.78$ cm，而 d$x = 0.001$ cm）。同理，dy 意味着 y 的一个非常小的变化。换而言之，$x+dx$ 是一个非常接近 x 的数，而 $y+dy$ 是一个非常接近 y 的数。

　　这两个相邻点之间的距离是多少？

　　毕达哥拉斯知道答案。[3] 距离 ds 取决于

$$ds^2 = dx^2 + dy^2$$

　　因为 dx 和 dy 都非常小，ds 显然也非常小。ds 的这个公式表征了被称作平面的平直二维空间。

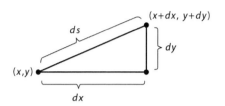

■ 图 A.1 两个近邻点的笛卡儿坐标分别是（x，y）和（$x+dx$，$y+dy$）。毕达哥拉斯告诉我们如何确定这两点之间的距离 ds。在文中，dx 和 dy 被表述为非常小，事实上是无限小。为了表述清晰，它们在这里被画得很夸张。

一切都很好。但我们要如何描述一个弯曲的空间？写成 $ds^2 = dx^2 + (f\,dy)^2$，其中 f 为某个不为 1 的数，如何？非也，这样仍然不是弯曲的。我们实际上是用 $f\,dy$ 取代 dy 表示沿 y 轴方向的距离。这不过是类似于用某位法国革命者提供的某条金属棒度量沿 x 轴方向的距离，又用某位英国国王的脚掌度量沿 y 轴方向的距离。①我们需要更聪明些，就是法国人讲的"malin"（翻译成"狡猾"，但不甚确切）。

向弯曲空间前进!

◖从平直空间到弯曲空间

让我们接着聊二维空间，即表面。日常生活中最常见的曲面

---

① 这里用到了两个典故，其一是法国大革命后的度量衡改革（米制的建立），其二是传说中英制单位的由来（尤其是英尺 foot）。——译者注

是球面。

　　设球面半径为1。不然的话，半径会搅乱我们的公式。换而言之，我们以球面半径作单位来度量长度和距离。把这个数学上的球面想象成我们所在的地球也是可行的，这样我就能使用现成的词儿，比如"纬度"、"赤道"和"北极"。

　　纬度和经度分别用希腊字母 θ 和 φ 表示。想象球面上有一点，叫它巴黎，就是为了便于参考。分别用 θ_P 和 φ_P 表示巴黎的纬度和经度。[4] 假设有一个地方，其经度和巴黎一样，但纬度略有不同，即 $\theta_P + d\theta$。那么该地与巴黎之间的距离由 $d\theta$ 给出。[5] 这是因为经线定义了半径为1的"大圆"。该地与巴黎都在一个半径为1的圆上。

　　相比之下，纬度固定的线不会定义大圆，赤道除外。换而言之，假设有一个地方，其纬度和巴黎一样，但经度略有不同，即 $\varphi_P + d\varphi$。该地与巴黎之间的距离绝对不是 $d\varphi$。

　　我刚才说的东西是坐标为（θ, φ）的一点和坐标为（θ, $\varphi + d\varphi$）的相邻点之间的距离 ds 不会简单地等于 $d\varphi$，但会等于 $f(\theta)d\varphi$。这个距离取决于纬度 θ 的函数 $f(\theta)$。在赤道上，这个函数等于1，但在巴黎的纬度，远远小于1（见图 A.2）。随着我们朝北走，这个函数会持续减小，直到北极化为零（为什么？思考片刻。这是因为经度在北极没有定义）。

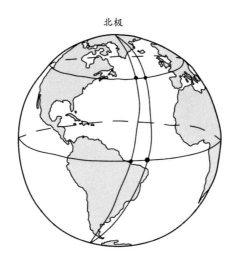

北极

■图 A.2 两个近邻点的纬度一样但经度略差 dφ，二者之间的距离由 f(θ)dφ 给出。在赤道上，函数 f(θ) 等于 1，随着我们向北移动，这个函数稳步减小，到北极减小到零。

因此，在一个球面上，坐标为（θ，φ）和（θ＋dθ，φ＋dφ）的两个相邻点之间的距离取决于

$$ds^2 = d\theta^2 + (f(\theta)\,d\varphi)^2$$

要点在于 $f(\theta)$ 不是单纯的一个数，而是一个 θ 的函数，[6] 即一个随 θ 变化而变化的数。你能将这个认为是毕达哥拉斯公式 $ds^2 = d\theta^2 + d\varphi^2$ 的一个推广。

啊哈，我们知道啦！根据这个例子，我们学到了从 $ds^2 = dx^2 + dy^2$ 的平面到一个曲面，我们应该写成[7] $ds^2 = dx^2 + (f(x)\,dy)^2$，当然也能写成 $ds^2 = dx^2 + f(x)^2 dy^2$，不能写成 f 是一个常数的

$$ds^2 = dx^2 + f^2 dy^2。$$

伯恩哈德·黎曼上场了。他说，"既然我们在 dy^2 前插入了一个函数，为什么不在 dx^2 前也塞一个？说起来，为什么不列入 $dx\,dy$ 再在它的前面也插入一个函数？这三个函数皆可取决于 x 和 y！"那么，按黎曼的建议，有：

$$ds^2 = a\,(x,\ y)\,dx^2 + b\,(x,\ y)\,dx\,dy + c\,(x,\ y)\,dy^2$$

你指定了三个 [8] 函数 a、b 和 c，你的每一个选择都表征了一个叫作黎曼面的曲面。

◖从曲面到弯曲空间

黎曼由此开创了一个数学分支，叫作黎曼几何。

总结一下，我们已聊了平直空间和弯曲空间。你却说，这一切都是二维的。更高维的空间又如何？

简单！只需再添一个坐标 z。平直三维空间就可用推广的毕达哥拉斯公式 $ds^2 = dx^2 + dy^2 + dz^2$ 来描述。一个弯曲的三维空间会如何？也没有那么难。不再是三个函数 a、b 和 c，我们现在得要六个函数，x、y 和 z 各要一个（我们还需要三个函数，因为我们现在不只有 dz^2，还有 $dx\,dz$ 和 $dy\,dz$）。如果你想象 x 描述的是东西方向，y 描述的是南北方向，那么 z 描述的就是上下方向。

这没那么难，不是吗？好的，我们现在来聊聊时空。

◀从平直空间到平直时空

闵可夫斯基上场了，他提出，我们得把时间，在物理上用 t 表示，当作继 x、y 和 z 之后的第四个坐标（这是在爱因斯坦创立狭义相对论之后，顺便提一下，爱因斯坦说过他从未考虑过这种提法）。

是你会怎么做？时空中的 ds^2 是什么？亲爱的读者，在读下去之前请思考片刻。

既然我们从 $ds^2 = dx^2 + dy^2$ 走到了 $ds^2 = dx^2 + dy^2 + dz^2$，我们的初步猜测或许是 $ds^2 = dx^2 + dy^2 + dz^2 + dt^2$。

但这是错的，此中有两个重要原因。

其一，时间与空间有何不同？你我（以及众人）皆知我们尽可以沿东西、南北和上下方向运动，但我们没法重返年轻时光。我们必须以某种方式区别我们等式中的时间与空间。

物理学家们提出的解决之道会让外行人发笑。把加上 dt^2 替换成减去 dt^2 如何？这看起来是如此的天真幼稚，但到头来却是对的。大自然实际上就是这么运作的。真是奇妙！

那么试一试 $ds^2 = dx^2 + dy^2 + dz^2 - dt^2$。

还是没有全对。我刚才提到原因有二。这第二个原因，任何一位学童都可以告诉你，你不能用一平方厘米减去一平方秒。这毫无意义。我们不得不把一段时间间隔 dt 转化成一段空间长度，

这得给它乘上光速 c，即 cdt。[①]

现在，水到渠成：写下

$$ds^2 = dx^2 + dy^2 + dz^2 - (cdt)^2$$

要注意减号和 c 的出现。这就描述了所谓的闵可夫斯基平直时空。

一切看似简单，我还没提各种棘手之处。不管怎样，先让我强调一个要点。如果光速 c 在宇宙中并非一个基本常量，这就没有任何意义了。

◖你已准备好弄弯时空啦！

既然闵可夫斯基已从空间走到了时空，爱因斯坦便准备好弄弯时空了。亲爱的读者，既然你知道如何从平直空间走到弯曲空间，你或许能从平直时空走到弯曲时空。试试看！

引入 x、y 和 z 的一个函数，将之插到 cdt 的前面，写作

$$ds^2 = dx^2 + dy^2 + dz^2 - (f(x, y, z) cdt)^2$$

对，就这么简单。选择适当的 f，[9] 爱因斯坦就能获得作为一个特例的牛顿式引力，他预言引力会影响时间流逝，并计算了水星轨道的进动。很容易，不是么？

---

① 好吧，大得惊人的 c 以 cm/s 作单位，那么，若 dt 以秒为单位，比方说取 0.001 s，二者之积 cdt 就会以 cm 为单位。没什么神秘之处。

既然你获知了这个观念，你就能描述各种各样的弯曲时空，比如，一个膨胀宇宙。不用像我们刚才做的那样在 dt^2 前插入一个空间的函数，我们可以在 $dx^2 + dy^2 + dz^2$ 前插入一个时间的函数：

$$ds^2 = (a(t))^2 (dx^2 + dy^2 + dz^2) - c^2 dt^2$$

要注意，这个时空是弯曲的，但其中容纳的空间是平坦的。在时刻 t，一个坐标为 (x, y, z) 的点与坐标为 $(x+dx, y+dy, z+dz)$ 的相邻点之间距离的平方由 $(a(t))^2(dx^2 + dy^2 + dz^2)$ 给出，即用毕达哥拉斯所说的东西乘以一个因子 $a(t)$。因此，若 $a(t)$ 随时间的增加而增大，该时空描述的就是一个膨胀宇宙。

宇宙学观测表明，若 $a(t)$ 是一个随时间呈指数增长的函数，这个弯曲时空就能将我们所居之宇宙描述得相当好。

这两种弯曲时空在爱因斯坦引力论中占据最重要的位置。

看吧，学爱因斯坦引力论是多么容易！ [10]

◀ 一般的弯曲时空

没那么难，不是吗？

听起来有点儿太容易了。事实上，你或许想知道我们为什么可以凭着对平直闵可夫斯基时空做如此细微的修正侥幸成功。一般的三维弯曲空间已要求六个函数来描述。相较而言，此处描述的两种弯曲时空，每个都只需要一个函数。这是因为这两种弯曲时空是高度对称的。

你这么想就对了。这两种时空具有特别简单的形式。一般地，四维弯曲时空要求十个函数来描述。亲爱的读者，你能在读下去之前想明白为何是十个吗？

对，就是这样。除了要有四个函数分别乘 dx^2、dy^2、dz^2 和 dt^2，六个组合 $dx\,dy$、$dx\,dz$、$dx\,dt$、$dy\,dz$、$dy\,dt$ 和 $dz\,dt$ 各自还要乘以一个函数。因此总共是十个函数。这些函数中的每一个皆可依赖于 x、y、z 和 t。

在别处，就大自然对理论物理学的仁慈，我已说了不少。[11] 在我的理论物理职业生涯中，我常常震惊于大自然如何在基本层面保持它的简单，以至于物理学家们能够将它弄明白。我们刚才碰到的是众多例证之一：我们所居的膨胀宇宙能用单独一个取决于单一变量 t 的函数 $a(t)$ 来描述。

◀▌一套更紧凑的符号记法

理论物理学家们是懒得出奇的一帮人，故而他们容易对罗列十个函数连同 dz^2 和 $dy\,dt$ 之类的十个量感到厌倦。在他们的数学家友人帮助下，他们琢磨出了一个神奇的发明，叫作指标记法。

不写 x、y 和 z，他们写 x^1、x^2 和 x^3。字母 x，表示三个空间坐标中的一个，现在被派去承担三重责任，代表全部三个空间坐标。换而言之，$x^1 = x$，$x^2 = y$，而 $x^3 = z$（你看吧，指标记法使我们挣脱了英文字母只有 26 个这等琐碎约束。如果你喜欢，你尽可以探讨 27 维空间，只需写成 $x^1, x^2, \cdots, x^{26}, x^{27}$）。

更妙的是，照此办理，你还能将时间坐标 t 纳入进来：只需叫它 x^0。[12]没错，字母 x 现在履行着四重职责：运用这漂亮的指标记法，它既能代表时间，也能代表空间。所以，不用 t、x、y 和 z，我们现在写成 x^0、x^1、x^2 和 x^3，其中 $x^0 = t$，$x^1 = x$，$x^2 = y$，而 $x^3 = z$。

这四个坐标 x^0、x^1、x^2 和 x^3 能更紧凑地一并表示成 x^μ，其中指标[①] μ 的取值为 0、1、2 和 3。

我说过理论物理学家（和数学家）厌倦了罗列 dz^2 和 $dy\,dt$ 之类的量。现在，他们能简单地写成 $dx^\mu dx^\nu$。随 μ 和 ν 分别取值 0、1、2 和 3，表达式 $dx^\mu dx^\nu$ 涵盖全部十个量。例如，$dx^3\,dx^3 = dz^2$，而 $dx^2\,dx^0 = dy\,dt$。

运用这种符号记法（纯粹只是符号记法：既不是物理也不是数学，一点儿也不深奥，只是个记录方式），我们就能将最一般的弯曲时空简写为 $ds^2 = g_{\mu\nu}(x)\,dx^\mu dx^\nu$，其中指标 μ 和 ν 涵盖 0、1、2 和 3。这还暗示了，要对各项求和[②]。换而言之，$g_{\mu\nu}(x)$

[①] 希腊字母 μ 和 ν（下面要用到）各自对应于拉丁字母 m 和 n，这是物理学家们在这种语境中的传统用法。
[②] 这个符号记法被称为爱因斯坦重复指标求和，有人说此乃爱因斯坦最伟大的成就之一。

$dx^\mu dx^\nu$ 就是 $g_{00}(x)(dx^0)^2+g_{11}(x)(dx^1)^2+\cdots+2g_{01}(x)dx^0$ $dx^1+2g_{02}(x)dx^0dx^2+\cdots+2g_{23}(x)dx^2dx^3$ 的简记法。[13] 注意，不要愚蠢地为 dt^2，$dt\,dx$，$dt\,dy$，$\cdots$，$dy\,dz$，dz^2 这十项前出现的每一个函数发明称呼，我们只需将它们一并表示为 $g_{\mu\nu}(x)$。这十个函数 $g_{\mu\nu}(x)$ 被一并称为时空度规：正如这个专业术语所指谓的，它们度量了时空。

让我在这里预先排除一个潜在的易混点。符号 $g_{\mu\nu}(x)$ 是 $g_{\mu\nu}(x^0, x^1, x^2, x^3)$ 的简记法。字母 x 被用来一并表示 x^0、x^1、x^2 和 x^3。换而言之，这十个函数 $g_{\mu\nu}(x)$ 中的每一个都是 t、x、y 和 z 的函数，即时空的一个函数（其实，将他们说成仅为坐标 x 的函数是荒唐的。试问 x 方向究竟有何特殊之处？）。

你或许已急不可耐要听引力波了。我们马上就要聊到那儿了。首先，为了确保我们理解了爱因斯坦的符号记法，让我们看看平直闵可夫斯基时空如何成了此处描述的一般弯曲时空的一个特例。平直闵可夫斯基时空对应于 $g_{\mu\nu}(x)$ 的一个特别简单的形式。这十个函数实际上不是函数，只是数，且除了其中四个外都等于 0。这四个 $g_{00}=-1$，$g_{11}=+1$，$g_{22}=+1$，而 $g_{33}=+1$。换而言之，$ds^2=-(dx^0)^2+(dx^1)^2+(dx^2)^2+(dx^3)^2$，我期待你认出这里写平直闵可夫斯基时空用的是指标而非 x、y、z 和 t。

既然地球的引力场是如此的微弱，大多数情况下，我们所在的时空非常接近平直闵可夫斯基时空。因此，平直闵可夫斯基时空是迄今为止人们所知晓和喜欢的最重要的时空。毫不稀奇，理论物理学家们习惯给我刚才描述的闵可夫斯基度规分配一个专用符号，即 $\eta_{\mu\nu}$，用的是希腊字母 η（读作"艾塔"）。这里没什么深奥的：我们定义 $\eta_{\mu\nu}$ 不过是靠规定 η 仅有的非零成分，$\eta_{00} = -1$，$\eta_{11} = +1$，$\eta_{22} = +1$，而 $\eta_{33} = +1$。换而言之，我们能将写成 $ds^2 = -(dx^0)^2 + (dx^1)^2 + (dx^2)^2 + (dx^3)^2$ 的平直时空更紧凑地记为

$$ds^2 = \eta_{\mu\nu}dx^\mu dx^\nu$$

我强调，这一切只是一个紧凑的符号记法以记录描述时空所需的众多量。笼统地讲，学习一套符号记法有点儿像学习一门语言。在当前语境中，你需要它来了解物理学家们在谈论什么。

如何描述一束引力波

最后，我们准备好严肃探讨一下引力波啦！我们只需对平直时空稍加修正。让我们自己来考虑描述一个弯曲时空

$$ds^2 = (\eta_{\mu\nu} + h_{\mu\nu}(x))dx^\mu dx^\nu$$

换而言之，我们只要给 $\eta_{\mu\nu}$ 里的一连串 1 和 0 添上一些函数 $h_{\mu\nu}(x)$，我们会认为它们小于 1。这个（略有）弯曲的时空的度规由 $g_{\mu\nu}(x) = \eta_{\mu\nu} + h_{\mu\nu}(x)$ 给出。

对这个还有印象吗？有吗？

其实，这就是为什么我要在第 4 章花一些时间来谈谈平静湖面上的水波。在完全无风的情况下，湖面是平的，水深由 $g(t, x, y) = 1$ 给出。当一阵微风吹起些许波澜，$g(t, x, y) = 1+h(t, x, y)$。水面随空间和时间波动起伏。如果波动的振幅很小，我们就认为 $h(t, x, y)$ 小于 1。如我之前提到过的，在这种情境中，棘手的流体动力学方程简化成了大学本科生能求解的方程。

你当然注意到，这个时空度规的形式 $g_{\mu\nu}(x) = \eta_{\mu\nu}+h_{\mu\nu}(x)$ 在结构上 [14] 无异于 $g(t, x, y) = 1+h(t, x, y)$。

爱因斯坦给了我们一组方程[①]来确定 $g_{\mu\nu}$。当我们将 $g_{\mu\nu} = \eta_{\mu\nu}+h_{\mu\nu}$ 代入这些方程，它们会大大简化，留给我们来确定 $h_{\mu\nu}$ 的方程只是比电磁波的方程稍微复杂一点儿。

不必说，这仅仅是一个简化优先的表述。在现实情境中，两个黑洞合并附近的时空难以被认为是平直闵可夫斯基时空。但是，引力波一旦离开了这个区域，刚才给出的表述应该就差不多够用了，除非宇宙在引力波抵达我们所在花费的十亿年左右的时间里有所膨胀。

[①] 既然你从第 13 章得知了爱因斯坦的引力作用量，原则上你就可以对该作用量取变分以获得这些方程。

◀从度规到曲率

既然度规确定了任意两点间的距离，一个弯曲空间（或时空）的度规一旦给定，我们就能推演出我们需要知道的一切，比如该空间的曲率。这儿有一套操作程序，一个居于曲面的小爬虫文明 [15] 会照此确定它们世界的弯曲程度（记住，它们没法走出它们的曲面来看一看，更不能说我们能走出我们的宇宙去看看它是否弯曲）。给定一个点 P，找出到 P 只有一小段距离 r 的所有点。这就定义了一个以点 P 为圆心而 r 为半径的圆。绕圆运动并将圆上彼此相距无穷小的两点间距都加起来求得圆的周长。用该周长除以半径 r。如果在 r 非常小的限度内，相除所得的商等于 $2\pi \approx$ 6.28...，这个面就是平坦的。如若不然，这个面就是弯曲的。

事实上，黎曼将我们从这一切中救了出来，给定一个度规，他找到了一个公式来计算现在所谓的黎曼曲率张量。所以在今天，任何一个聪明的大学本科生都能 [16] 计算出由本附录前文给定度规所描述的时空的曲率。

根据黎曼曲率张量，能得到一个叫作标量曲率的量，它可用 R 来表示。爱因斯坦的引力作用量无非就是时空的标量曲率 R（见第 13 章）。

另一个重要的几何量是空间或时空中一个无限小区域的体积。不出所料，这还是由度规来确定，物理学家与数学家们将之

写作 $\sqrt{g}$，这是用度规构造的一个数学表达式。如第 13 章所述，这个量也出现在爱因斯坦的作用量中。

| 注　释 |

◀ 前言

　　1 实际上，它的重量小于米斯纳（Misner）、索恩和惠勒撰写的经典教材 MTW（即《引力论》*Gravitation*，MTW 为三位作者的姓氏首字母。——译者注）：MTW 重 5.6 磅，显然大于 *GNut* 那微不足道的 4.6 磅。

　　2 只是顺便提及。

　　3 爱因斯坦手稿的副本可参见 *The Road to Relativity*, by H. Gutfreund and J. Renn, Princeton University Press, 2015.

◀ 序章

　　1 在此时间尺度上，恐龙四处游荡的时代大约在 2.4 亿年之前。

　　2 见第 17 章。

　　3 因此，这一探测事件，作为同类事件中的第一个，被编目为 GW150914。

　　4 这个公式并没有出现在爱因斯坦关于狭义相对论的原始论文中。爱因斯坦是在几个月之后才发现它的，并将之发表于一份两页篇幅的论

文中，其原始形式写作

$$K_0 - K_1 = \frac{L}{V^2}\frac{v^2}{2}$$

什么？它看起来不像是你印象中的 $E=mc^2$ 呀？爱因斯坦是在告诉我们，当一个以速度 v 运动的客体对外有辐射，其动能 K 的改变遵循（按现代的符号记法）$\delta K = \frac{\delta E}{c^2}\frac{v^2}{2}$（在他的论文中，$L$ 代表辐射出的能量，V 代表光速）。在两段之后，他接着说，"不排除一种可能，即利用所含能量高度可变的物体（比如镭盐）来验证这个理论。"爱因斯坦兴奋地致信一位友人："我还找到了论电动力学论文的另一个推论。……这个论证既有趣又诱人；但就我所知之全部，上帝或许正在谈笑间牵着我的鼻子走来走去。"

众所周知，上帝不会牵着爱因斯坦的鼻子走来走去。

多年以后，到了 1946 年，爱因斯坦给出了一个优雅的推导，出人意料的是，它被大多数教科书遗漏了（我喜欢爱因斯坦在 1946 年的推导远胜于他在 1905 年的原始推导），故而有被遗忘的危险（见 *GNut* 的 232 页）。同样的推导可见于爱因斯坦的《晚年文集》（*Out of My Later Years*, Philosophical Library, 1956.p.125.）。

5 这是一篇非常现代的论文，它以清晰的逻辑步骤推导引力波，几乎无异于一部现代教科书对这个课题的呈现。

6 当即将发现引力波的传言甚嚣尘上之时，我给我的联系人们发了电子邮件，请他们给我一个不相信引力波的理论物理学家的名字。没人能想到这样的一个名字。尽管如此，物理学要基于观测证据仍然是至关重要的。

7 一个极端的例子或许是德谟克利特（Democritus，意为"人民选中的"，约公元前 460 年—约公元前 370 年）有关原子的猜想。证实它花了两千年。在我们这个时代，是个人就会猜测弦理论是否会被实验证实，以及还要等多久。

8 包括我自己的 *GNut*。

9 爱因斯坦在他 1916 年的论文中犯了一个严重的错误，这导致英国物理学家亚瑟·爱丁顿打趣说，思维有多快，引力波传播的速度就有多快。相较而言，爱因斯坦 1918 年的论文或多或少包含了现代教科书给出的处理方式的精髓。

10 M. Bartusiak, *Einstein's Unfinished Symphony*.

11 A. Zee, *An Old Man's Toy*（以下简称为 *Toy*）。

12 当然也不都是美国式的：有"kiwi"（毛利语中指"猕猴桃"）击败"Chinese gooseberry"（根据原产地命名的"猕猴桃"）为证。

◖第 1 章：四种相互作用间的友谊赛

1 见 *GNut*, chapter VIII.2.

2 我们每周仍会将一天奉献给电磁相互作用：周四（Thursday）即雷神之日（Thor's day）。

◖第 2 章：引力何其弱

1 我们知道牛顿何时出生和去世，此中差异要归因于儒略历和格里历的不同。

2 引力会导致多种疾病，特别是痛风。血液中的尿酸分子在引力的驱使下在下肢聚集，尤其是在大脚趾附近。当尿酸浓度达到临界值，它会突然结晶，导致剧痛。

3 有科幻小说中的这一观念的流行为证，尤其是儒勒·凡尔纳（Jules Verne）的《地心游记》（*Journey to the Center of the Earth*, 1864）。

4 N. Kollerstrom, "The Hollow World of Edmond Halley," *J. Hist. Astronomy* 23 (1992) p. 185.

5 通俗的论述参见 *Toy*。

6 细节的计算来自詹姆斯·金斯爵士（Sir James Jeans, 1877—1946）。这里是以更专业的语言复述我刚才所说的东西。在恒星物理学中，是金斯不稳定性导致了星际气体云的坍缩以及后续恒星的形成。当内部气压不足以阻止一个充满物质的区域的引力坍缩，这就会发生。

7 这是为了纪念马克斯·普朗克（Max Planck），是他第一次将这个数引入物理学。

8 好奇的读者可以参阅 A.Zee, *Unity of Forces in the Universe*（以下简称为 Unity）, volume 2.

◀ 第 3 章：探测电磁波

1 他的基础性贡献遍及物理学到心理学。在访问美国期间，亥姆霍兹享受了王室成员般的待遇，但在返回欧洲的船上，他摔倒了，伤到了头部，不久就去世了。见 B. Brown, *Planck.*

2 注意，也是在这一年，麦克斯韦去世，而爱因斯坦出生。同年，还有美国大亨与慈善家约翰·赫兹（John Hertz）出生。参见后面关于他的一条注释。

3 这是用一座城而非一个人来命名一个仪器的少数例子之一。

4 频率约为 100 兆赫兹（MHz）。

5 看一看本书给出的赫兹仪器照片。对有志气的中学生来说，这就是一个简单的探究项目。

6 鉴于电磁波在我们的社会中扮演的角色，我常常惊异于它们的发现距今仅有 130 年。

7 悲哀的是，纳粹认为应该将赫兹的肖像从汉堡市政厅（Hamburg Rathaus）移走，即便他的父亲和祖父母在 19 世纪初就从犹太教改宗到了基督教，而他的母亲是一位路德会牧师的女儿。

8 我有点儿悲伤，或许我不应这样，当我在网上检索赫兹时，一家租车公司完胜了这么一位带我们走进电磁纪元的人物。此乃我们社会价值取向之一瞥。大鳄约翰·赫兹（1879—1961）是这家租车公司的创始人，他实际上亦非等闲之辈。他出生于今属斯洛伐克的斯多尔赫茨（Sndor Herz），五岁时随家人移居芝加哥。年轻时，他以"丹·唐纳利"（Dan Donnelly）之名打拳击，在赢得几次锦标赛之后，终于恢复了自己的本名。他在这个世界上的确堪称奋力拼搏。

9 现在，几乎任一本导论性的量子力学教科书都会论及。

10 年轻时，普朗克因无法获得一个心仪的职位而苦恼不已。每次一有这样的职位出现，便会首选赫兹，普朗克总是被当作第二选择。见 B. Brown, *Planck*.

11 这仍存在于物理学的某些领域，但不再会见于所谓的大科学（Big Science），其中字母"b"表示十亿（billion）美元量级的。

◀第 4 章：从水波到引力波

1 你可以在巴黎的人类博物馆（Museum of Man）看到曾容纳他那发达大脑的颅骨。

2 其意义如下。假设池塘有 13 英尺（1 英尺 =0.3048 米）深。让我们将 1 英寻定义为 13 英尺。那么以英寻为单位，g 就等于 1 英寻。英寻、手和英石之类的历史单位就是按此精神严格定义的。

3 是克劳德 – 路易·纳维（Claude-Louis Navier, 1785—1836）和乔治·斯托克斯（George Stokes, 1819—1903）写下的。

4 克莱数学奖（The Clay prize）；可查阅维基百科。

5 例如，$\hbar$ 就是指数函数 e^h 的一级近似。

◀第 5 章：鬼魅般的超距作用

1 我不确定引力何时第一次被确认为一种力。对古人来说，引力作用无时无处不在，它肯定一直被归入一种普遍存在的感觉。

2 对阅读本书的青年理论物理学家们，这儿或许有一个教训。牛顿满足于假定反比平方律再探究其结果。他将其动力学起源留诸他人，比如笛卡儿，后者以涡旋拖拽行星的理论被扫进了历史的垃圾堆。我可以将笛卡儿的方法称为"要么全对，要么全错"，某些理论物理学家仍然沉溺此道。在物理学发展的任一阶段，某些提问并不合适，比如，总是有人会向牛顿发问，"嘿，伊萨克，那么为何是反比平方？"

◀第 6 章：了不起的冒险：场的引入

1 他随诸多冠以"拉普拉斯"（Laplacian）的术语永垂不朽，物理专业的学生们总会念叨他。

2 此处使用的符号记法显然不会是侯爵大人用过的那一个。

3 物理教科书倾向于先引入牛顿针对引力的观念，计算出月球绕地球运行是在一条圆形轨道上，到此即止。但如果你考虑到彼时人们已经观测月球数千年之久，你就会意识到人们对月球运动了如指掌。牛顿留下了相当多未经解释的矛盾之处，这无疑给他以及他的同代人和后继者带来了一些要命的麻烦（我们现在知道，其中一些归咎于其他行星和太阳的牵拉，还有潮汐效应）。好吧，拉普拉斯认为，如果引力归因于某些以速度 c_G 来回奔走的微小粒子，其中的时间延迟就可以破解某些关于月球轨道的未解之谜（令我印象深刻的是，拉普拉斯的图景竟与现代量子场论中引力子来回奔走的看法有着惊人的相似性）。

4 某种民主投票式的心血来潮。

5 这已由狭义相对论保证。

6 但在这么理解之前，它看起来很怪异，甚至是离奇，引力波和电磁波竟然以完全一样的速度 c 传播。

7 你们中那些非母乳喂养的或许可被原谅。

8 Einstein, *Out of my later years.*

9 我必须说，当今理论物理学前沿最新最莽撞的观念往往看起来既谈不上了不起也算不得冒险。

10 关于法拉第的段落改写自我的书 *Fearful.*

11 我读到此处深感惊奇。在更晚近的时代，敌方的科学家往往会被俘虏和拘禁。

12 我的儿子马克斯（Max），我写这句话时，他五岁，他经常要求我对他施加原力。我会像银河帝国皇帝那样伸出我的手，而他会像天行者卢克那样抓住自己的脖子佯作窒息状。

13 给那些一边读我的教科书一边抱怨的朋友一句善意的忠告，那些书还不够数学。

14 传统的美式理论物理学派强调物理直觉，其代价是牺牲掉有时被称为"花哨数学"的东西。我会忍住不去探究这种强调的历史与社会学根源，这种强调既有好处也有坏处。一般来说，欧洲物理学家接受的当代数学训练要比他们的美国同行强得多。法国哲学家，现在被称作法国物理学家，仍然被许多美国人认为是过度数学化的。当然，一代人视为花哨的东西往往被下一代人当作基础性的东西。泊松等人使用的数学现在看起来像小孩的游戏，已为每一位物理专业本科生所熟知。

15 物理学家们经常用电信行业的诞生来说明资助基础研究的重要性。他们容易料想负责分配资金以改进通信的皇家海军官员铁定认为支持这些怪胎在他们阴暗的实验室里胡搞电线和蛙腿纯属愚蠢。显然，他或许已想明白，把钱花在培育飞得更快的信鸽品种会更好。

16 《简明量子场论》（QFT Nut）。

17 实际上，那比我说的还要微妙一些，因此我在这一节用了两次"几乎"。其要点，如物理专业本科生要学的，即静引力势和静电势随$1/r$下降，而在传播的波中，这两种势随e^{ikr}/r下降。

18 有关这些怀疑细节的精彩阐释可参见 Daniel Kennefick, *Traveling at the Speed of Thought*.

19 正是在这个广义相对论进展较小的时期，理查德·费曼（Richard

Feynman）参加了一场有关这个主题的会议。听了一些走过场的报告之后，满心厌恶的费曼给他的妻子写了一封著名的信，叫她别再允许自己参加有关这个主题的会议了。会上的一些物理学家试图说服别人承认引力波不存在。费曼滑稽地将其他与会者比作试图爬出瓶子的蠕虫并将他们分成六个不同的种类。我偶尔会用类似的办法给亚马逊网上的批评者分类。

20 见 J. A. Wheeler, "Superdense Stars," *Annual Review of Astronomy and Astrophysics*,vol. 4, 1966, p.423. 后来的工作另见 K. Thorne and A. Campolattaro, Astrophysical Journal, 1967, vol. 149, p. 591.

▎第 7 章：爱因斯坦，相对性的终结者

1 德文为 Einsteinsche Relativittstheorie.

2 P. Galison, *Einstein's Clocks, Poincaré's Maps*.

3 比如巴黎的夏特莱地铁站（Châtelet Les Halles）。

4 我们在这里推出这个结论用的是麦克斯韦方程组。在历史上，这也是著名的迈克尔逊－莫雷实验（Michelson–Morley experiment）的经验总结。

5 鉴于引力波以光速传播，某些抖机灵的家伙打趣说"轻浮波"应该以"暗速"传播。

6 奥利弗·赫维赛德（Oliver Heaviside）在 1893 年，亨利·庞加莱（Henri Poincaré）在 1905 年，各自独立地预见了引力波的存在，靠的是以电磁波作类推。庞加莱理解洛伦兹不变性是时空的一种性质，不单是电磁相互作用的特性，故而甚至可以说引力波以光速传播。但是，只有爱因斯坦真的获得了引力的相对性理论，所以只有他能够确定引力波的特性。

❙第 8 章：爱因斯坦的观念：时空弯曲了

1 我有点儿滥用地理知识了。

2 布鲁日的西蒙·斯蒂文（Simon Stevins of Bruges）也做过这个著名的实验。

3 牛顿的物理学不考虑无质量（无静止质量，下同。——译者注）粒子的存在。

4 欲知金发女郎什么样，请见 Natalia Ilyin 的分类学术研究 *Blonde Like Me*.

5 见 https://www.npl.washington.edu/eotwash/node/1.

6 如果引力质量不等于惯性质量，按我们的比方，这就相当于不同的航班会看到地球的不同曲率。

7 英文叫 staircase wit，法文叫 l'esprit d'escalier，德文叫 Treppenwitz，即骑兵都已冲过来了你才想起开炮。

8 爱因斯坦将引力的普遍性当作一个基本事实抓住不放。先验地来看，就关乎引力的已知事实，我们当然不清楚应该抓住哪一个。当我第一次学到引力时，就想弄明白反比平方律为什么是距离的平方，而不是，比方说，立方。毫无疑问，许多学生都有同样的想法。这种反比平方如今在量子场论中被理解为光子和引力子皆无质量之故。事实上，可以从引力子无质量出发，知道了它怎样与牛顿引力论中的质量耦合，就恢复了爱因斯坦的引力论。但这是另一夜的晚间故事（见 *GNut*, chapter IX.5.）。

9 见米斯纳、索恩和楚雷克（W. Zurek）写惠勒文章中的表 1：http://authors.library.caltech.edu/15184/1/Misner2009p1638PhysToday.pdf.

注意，按这篇文章的说法，惠勒并非第一个想出"黑洞"这个术语的人。顺便说一下，该文的参考文献14涵盖了前面注释提到的我的工作的表述。

10 我去普林斯顿的一个原因就是我获悉约翰·惠勒在那儿。我从第一天起就向他学习物理，直到大三结束，彼时墨菲·戈德伯格（Murph Goldberger）叫我最好放弃引力转去研究更有趣的量子场论。后来，我把大四学年花在了同亚瑟·怀特曼（Arthur Wightman）一道研究他的独特方法，即所谓的公理化场论，包括定理、证明以及诸如此类的东西。我记得戈德伯格当我面对萨姆·特雷曼（Sam Treiman）说，"我把这小孩儿从惠勒的魔掌中救了出来却见他落入一个更糟的圈套。"到了研究生学习阶段，我向惠勒征求意见，他和蔼地接听了我的电话，说服我去了合适的学校。

11 意欲享受这些细节的读者可以阅读 *GNut*。其中详细解释了 g 如何发展成十个不同的函数。

◀第 9 章：如何探测时空涟漪般的空灵之物

1 我建议从 LIGO 项目创始人之一雷纳·魏斯那了解这段历史。见 http://news.mit.edu/2016/rainer-weiss-ligo-origins-0211.

2 据其所牵涉的时间与成本，读者能轻易地猜到业已发生了相当大的内斗，一个接一个的科学家退出了该项目。像这样一本小册子，我不得不假定读者丝毫不关心那些啰唆的细节。更重要的是，哪个机构最值得赞誉的问题或许会出现。因此，我请读者参阅真实的新闻稿：http://ligo.org/detections/GW150914/pressrelease/english.pdf. 我在此引用两段：

这个发现……源自 LIGO 科学协作项目（包括 CEO 协作项目和

澳大利亚干涉引力天文学联合体 Australian Consortium for Inerferometric Gravitational Astronomy）和使用两台 LIGO 探测器的数据的 Virgo 协作项目。

这个发现成为可能靠的是提升了能力的改进型 LIGO……美国的国家科学基金会在财政方面给予了改进型 LIGO 最大的支持。德国的资助组织（马克斯·普朗克学会），以及英国的（科技设施委员会，Science and Technology Facilities Council, STFC）和澳大利亚的（澳大利亚研究委员会，Australian Research Council）也对该项目做出了重大贡献。使改进型 LIGO 更加灵敏的几项关键技术由德英 CEO 协作项目开发和测试。重要的计算机资源来自汉诺威 AEI 的 Atlas 机群、LIGO 实验室、雪城大学（Syracuse University）和威斯康星大学米尔沃基分校（University of Wisconsin Milwaukee）。几所大学设计、建造并测试了改进型 LIGO 的关键部件：澳大利亚国立大学（Australian National University）、阿德莱德大学（University of Adelaide）、佛罗里达大学（University of Florida）、斯坦福大学（Stanford University）、纽约市的哥伦比亚大学（Columbia University）和路易斯安那州立大学（Louisiana State University）。

3 在物理学中，波的干涉已经扮演了——并将持续扮演——一个关键的角色。该现象是波动的特征，它在托马斯·杨（Thomas Young, 1773—1829）做的一个关键实验中被用来证实光是一种波。顺便说一句，托马斯·杨的兴趣是如此广泛，以至于他被誉为"最后一个无所不知的人"。

4 有趣的是，每台探测器在概念上都类似于确立了狭义相对论的那个著名的迈克尔逊－莫雷干涉仪。迈克尔逊－莫雷实验的目的是看看两臂上的光速是否会有不同。

5 "完全"这个词当然是数学上的抽象，在这里用它是为了简化探讨。

两条千米量级的臂几乎不可能建得"完全"一样长，但长度上的细微差别是能被校正的。

6 *QFT Nut*, chapter N.1.

7 事实上，建模的大部分工作也能以解析的方式完成，这就要用到钱德拉塞卡（S.Chandrasekhar）最先发展出来的摄动理论。

8 这两个黑洞的质量多少有点儿出乎天体物理学家们意料。这两个黑洞的质量远大于大质量恒星死亡时应该产生的恒星质量级黑洞，却又比理论上预计居于各个星系中心的百万到十亿太阳质量级的巨型黑洞低了许多数量级。

9 这次融合以引力波的形式辐射出了相当于三个太阳质量的能量，形成黑洞的质量是太阳质量的 29+36-3=62 倍。

10 新版的标题变成了《爱因斯坦的宇宙》（*Einstein's Universe*）。

11 M. Bartusiak, *Einstein's Unfinished Symphony*.

12 Kennefick, *Traveling at the Speed of Thought*.

13 还可见 H. Collins 的 *Gravity's Ghost*. 尤其要注意其中提到的"意大利人"，这是个暗语，所指可以是也可以不是生于意大利的人。

14 《宝莲历险记》是 1914 年在美国上映的一部周播传奇片系列，讲的是一个名叫宝莲的姑娘不断身陷危难又总会在最后一刻逢凶化吉。

15 理查德·加文（Richard Garwin），批评韦伯最厉害的人之一，不过是建造了一个韦伯探测器的复制品，表明他没法接受到任何信号。在一次物理学会议上，加文和韦伯几乎要大打出手。

16 例如，近来有日本的 TAMA 300、德国的 CEO 600 和意大利的 Virgo。事实上，Virgo 团队的成员们也为 LIGO 工作，并被列为宣布发现引力波的那篇论文的作者。

‖第 10 章：尽可能求取最好的安排

1 费曼的 *QED*，里面有我新写的一篇导言。

2 婴儿不需要欧几里得，只要他们能爬，他们就会沿一条直线爬向他们渴望的模糊目标。

3 针对费马的出生年份，存在激烈的学术争论，这是由于他的父亲结了两次婚又给两任妻子所生的儿子都取名为皮埃尔。K. Barner, NTM, 2001, vol. 9, no. 4, p. 209.

4 历史学家们乐于探索或然之历史。见 Cowley, *What If?*

5 这儿有两个小故事，讲的是与作用量原理相关的两位杰出人物：拉格朗日与费曼。

故事开始的时候，约瑟夫·路易·拉格朗日伯爵（Joseph Louis, the Comte de Lagrange, 1736—1813）18 岁——顺便说一下，他出生时的姓名是 Giuseppe Lodovico Lagrangia，那时还没有"意大利人"这个说法——正致力于等时降落线问题，如今我们应将之描述为求泛函极值的问题。一年多后，他给当时首届一指的数学家莱昂哈特·欧拉（Leonhard Euler, 1707—1783）写了封信，说他已解决了等周问题：对于给定周长的封闭曲线，找到所围面积最大的一种情况。欧拉一直在与同一个问题做斗争，但他毫无保留地将功劳全部归于这个青年。后来，他推荐拉格朗日继任他在普鲁士科学院（Prussian Academy of Sciences）的数学总监职位。

理查德·费曼（Richard Feynman, 1918—1988）回忆，当他第一次学到作用量原理时，他就被打动了。其实，作用量原理促成了费曼对理论物理学最深刻的一些贡献。尤其是，他对量子力学的形式表述很大程度上就取决于作用量。

6 读者不应将作用量的极值化混同于日常观察到的物质倾向能量最小化，后者正是"水往低处流"和"一个电视迷瘫在沙发里"的原理。将小孩玩的弹珠扔进碗里，稍后再重来，如果它没有静止在碗底，那才令人惊奇。这个弹珠将自己的总能量最小化靠的是让动能为零并尽可能降低势能（偶尔有机灵的学生或许想弄明白这种能量的最小化是否会违背能量守恒。事实上，后者对物理学家们来说是神圣不可动摇的，而前者仅仅是表观的，因为我们选择性地忽略了其他形式的能量。随其在碗里嘎嘎作响，弹珠发出声音并产生热量，二者都会向外部释放能量）。

7 我将这视作量子物理学的大胜之一：解释了作用量为何取极值，而不是取最小值或最大值。

8 我必须强调，力学的作用量原理比起牛顿运动定律，相差无几。作用量形式表示，虽然更紧凑，在审美上也更吸引人，但它在物理上完全等价于牛顿的形式表述。

然而，两种形式表述的前景完全不同。按作用量的形式表述，我们可以选取一个结构性的角度比较粒子从这儿到那儿的不同路线。

对 17 世纪到 18 世纪的人们来说，最短时间和最小作用量原理令人欣慰地提供了天意指引的证据。一个声音告诉宇宙中的每个粒子遵循最有利的路径和历史。毫不奇怪，最小作用量原理启迪了一大批准哲学的、准神学的作品，这么一堆文字固然耐人寻味，但最终都被证明是空谈。如今，物理学家们普遍采取保守务实的立场，即最小作用量原理仅仅是形式表述物理学的一个更紧凑的方式，它所启示的准神学诠释既不被采纳也没什么实质意义。

下次你获邀去一位哲学教授家里参加晚宴，你可以在上主菜的间歇说"目的论性"这个词。要在这些家伙停止互相抨击之后，漫不经心又自信满满地讲出来，"本体论性区别于认识论性，而同义反复对立于逻辑推理"，再坐看又一轮嬉闹。那样的陈述自然是所谓上流圈子的"夸夸其谈"，而在不那么上流的圈子里即纯属废话，但它会让你了解某些学究是如何说话的。

我可以免费送你快餐版的哲学，即如果事物有目的，或者至少表现得好像有目的，那么它们就是目的论性的。这在现代科学中乃一大忌讳。你知道，费马最短时间原理（顺便说一下，假如曾有优先权的纠纷，费马不得不让贤于活跃于公元 65 年左右的亚历山大的海伦 Heron of Alexandria）具有很强的目的论性——光，特别是日光，不知何故晓得如何节约时间——在秉持理性的人看来，完全不可理喻。相较而言，在费马的时代，有大量的准神学讨论是关于神圣天意与和谐自然的，故而没人怀疑光会被引导遵循最稳妥的路径。

9 这一节的标题旨在提醒作为作者的我要保持这本书的简洁性。

10 在微分形式表述中，我们要指定一个粒子的初始位置和初始速度，然后再问一段时间 T 之后它会在哪儿以及它的运动有多快。在作用量形式表述中，我们指定的是一个粒子在一段时间 T 内的初末位置。注意，初始速度不像在微分形式表述中那样被指定；它要由作用量原理来确定。粒子不得不"找到"让它在时间 T 内到达指定末位置所需的初始速度，有点儿像西部片《三点十分到尤马》（*3:10 to Yuma*）里的主角。

11 牛顿的运动方程被描述为在时间上是"局域的"：它告诉我们下一刻会发生什么。相比之下，作用量原理是"全域的"：对各种可能的轨迹积分并选出最好的那一条。这两种形式表述在数学上完全等价，但作用量原理比之于运动方程法具备大量优势。比如，作用量直接导致了以所谓的狄拉克－费曼路径积分（Dirac-Feynman path integral）形式表述来理解量子力学。其实，这里的探讨预示了量子世界中概率性的出现。粒子会选择哪条路径？下注吧,随便哪一个？可参阅 R. P. Feynman and A. R. Hibbs, *Quantum Mechanics and Path Integrals*; 还有 *QFT Nut*, chapter I.2.

◖第 11 章：对称：物理学不可依赖于物理学家

　1 *Fearful.*

◖第 12 章：对，我要求取最好的安排，但何为最好的安排？

　1 对有兴趣的读者，这里有支配电磁场的作用量：$S = \int d^4 x F^2$。就是这样。简单么？对这个作用量取极值，我就能获得电磁场的麦克斯韦方程组。

　我能为你解构这个作用量。习惯上用大写字母 S 表示作用量；积分号 $\int$ 是学微积分的学生们都知道的；符号 $d^4 x$ 表示是对时空积分，4 说的是时空在闵可夫斯基理论中是四维的。困难的是 F^2：F 实际上是一个代表电磁场的张量。为此，你不得不找一本水平适宜的电磁学教科书来自学——相信我，也没那么困难（比方说我，几十年前就学了）——或者凭直觉找个学得不错的人让他为你解释。

　2 顺便说一下，这得自中学水平的量纲分析。

　3 机敏的读者或许担心光子之类的无质量粒子（细节详见 *GNut*）。

　4 特别说明，R 是标量曲率。还有别的曲率度量，即所谓的黎曼曲率张量和里奇张量（Ricci tensor），但作用量不变性的要求挑出了标量曲率。

5 *GNut*,p.390.

6 细节详见 *GNut*, chapter VI.2.

7 所谓的比安基恒等式（Bianchi identities）。

8 这段材料改写自我的书 *GNut*, p.396.

9 我想起《纽约客》杂志上一幅卡通，画的是一个倒霉的雇员站在老板的大办公桌前，老板说："对，这是你的主意，但我是那个承认它是好主意的人。"

▌第 14 章：非此不可

1 我现在能解释爱因斯坦在 1916 年论文中的失误，这篇论文我在序章中提到过。爱因斯坦推演出来的引力波的某些物理性质并没有不变性。换而言之，它们依赖于用来描述它们的坐标，故而不可能是物理性质。

2 严格地说，前面第 12 章注释中提到的标量曲率是一个不变量。

3 一些读者或许想知道 Λ 和 R 之外其他的几何不变量为什么不列入作用量中。当然，如果 R 有不变性，那么，比方说 R^2 也会有不变性。答案是，在量子场论的现代形式表述中，可能的项是按它们在时空长距离上被预期的重要程度来排序的。比起 Λ 和 R，你所担心的其他项皆是（被预期为）微不足道的（见 *GNut*, chapter X.3）。

4 来自亚伯拉罕·派斯（Abraham Pais），首屈一指的爱因斯坦传记作者。

第 15 章：从冻星到黑洞

1 因此，在某些地区会禁止向天鸣枪庆祝。

2 早在第 2 章，我就说过，质量为 M 和 m 的两个客体间的万有引力等于 GMm/R^2，R 为两客体之间的距离。将之应用于地球和月球，因为地球和月球的尺寸都远小于二者间的距离，R 的含义很清晰。但牛顿将他的定律应用于地球和苹果之间的万有引力时，他应该拿什么来代入 R？R 应该是苹果树的高度吗？事实上，如第 2 章中的解释，牛顿花费了数年来证明 R 应该是苹果与地心之间的距离。因为苹果树的高度比之于地球半径完全可忽略不计，R 就等于地球的半径。此处同理，R 应该代入该行星的半径。

3 有趣的是，拉普拉斯在他著作的后续版本中删掉了这个推想。

4 对黑洞的现代处理，参见 *GNut*, Part VII.

5 再者，这个常被引用的论证实际上并没有确立黑洞的存在，黑洞被定义为一个没有东西可以从中逃逸的天体。逃逸速度指的是我们要将某物抛向外太空的初始速度。在一个遵循牛顿定律的世界里，我们当然可以坐上引擎足够强劲的火箭从任何大质量行星逃逸。

6 更专业的原因，参见 *GNut* 的第 432 页，这个原因是 D. Marolf 指出的，他对这种类比不以为然。

第 16 章：量子世界与霍金辐射

1 我们在第 2 章就已遇到过普朗克数。马克斯·普朗克的精彩传记，可参阅 B.Brown, *Planck*.

2 这事要做成，关键自然是对数百万账目重复伸手。

3 这个特别的词的用法与它在日常用语中的用法是一致的。但鉴于空气一开始就包含数不清的分子，即便是最好的商用真空泵产生的真空，其中仍会有不少分子。研究量子场论的物理学家只是将之抽象为一个什么都没有的量子态的概念。

4 对那些已经知道一些量子力学和狭义相对论且对其有兴趣的读者，许多教科书已准备好教你量子场论了（尤其是 *QFT Nut*）。

▌第 17 章：引力子与引力本质

1 这当然不会禁止人们写它。情况恰恰相反。

2 笼统地讲，但只是笼统地讲，你可以说牛顿的微粒从未离开。

3 这样的图景有点儿过于简化，但足以应付此处的需要。

4 这类问题催生了物理学的一个新领域，即所谓的"数值相对论"。

5 详见 *Toy* 的 203 页及后续页。专业性的，但多少易理解的内容，参见 *QFT Nut* chapter III.2 与 *GNut* chapter X.8.

6 尤其是非阿贝尔规范理论（non-Abelian gauge theories）。你可以认为按这些理论生成比按爱因斯坦引力论生成更有所节制。

7 无法抗拒对量子引力动力学一知半解式的认同，尤其我是在感恩节后不久写的这些，当时我与一位法国朋友探讨了肉汁在法式烹饪中的角色不同于酱汁。

8 见 *QFT Nut*, chapter I.5 and I.7.

9 见 *Fearful*, p.164.

10 尤其是普林斯顿高等研究院（Institute for Advanced Study in

Princeton）的弗里曼·戴森（Freeman Dyson）。对量子化引力的奋斗的进一步探讨，参见 *GNut*, chapter X.8.

◀ 第 18 章：来自宇宙暗面的神秘讯息

1 我在巴黎的一家游乐场里亲眼见过。两个大孩子，九岁或十岁大，走过来，使劲推旋转木马。所有五岁或更小的孩子都飞了出去，开始哇哇大哭。你能想象到父母们扔下手机冲过去的情景。

2 一个早期的建议是 Jacobus Kapteyn 提出的，后来被 Jan Oort 证实。

3 脾气暴躁的茨维基还发明的术语"球对称混蛋"（spherical bastards）来描述他那些不管从哪个方向看去都是混蛋的同行。

4 当我在写这一章的终稿时，悲伤的消息传来，薇拉·鲁宾与世长辞，享年 88 岁。见 http://www.latimes.com/local/obituaries/lame-vera-rubin-20161226-story.html.

5 注意，没有必要从数不清的恒星中分解出单个恒星的运动。

6 天文学家们还发现某些极度疏散的星系几乎没有恒星，或许完全由暗物质构成。

7 详见 *Toy*, chapters 10 and 11.

8 这个提议因修正牛顿动力学（modified Newtonian dynamics）被缩写为 MOND。

9 见 *GNut*, p.495 and chapter VIII.2.

10 这样的人绝非神话，因为，正如我在本书前言和 *GNut* 的前言中说到的，我曾不止一次地教过高年级本科课程的爱因斯坦引力论。

11 我知道有大量文献，但鉴于本书的体量和性质，我必须克制进一步的评论。

12 可参见 *QFT Nut* 或 *GNut*。

13 在理论物理学家们非常喜爱的某个尺度上（见 *QFT Nut* p.449 和 *GNut*, p.746.）。

14 光子和中微子的贡献微乎其微。

15 对 20 世纪 80 年代末这种情况的漫画式描述，参见 *Toy*, p.185.

◀ 第 19 章：通向宇宙的新窗口

1 见 Bartusiak, *Einstein's Unfinished Symphony*.

2 Shimon Kolkowitz, Igor Pikovski, Nicholas Langellier, Mikhail D. Lukin, Ronald L. Walsworth, Jun Ye, "GravitationalWave Detection with Optical Lattice Atomic Clocks," arXiv:1606.01859. 这篇文章还提到了其他计划。

3 灰烬，灰烬，我们都会落下来！

4 我想邀达尔文也加入进来。查尔斯·达尔文（Charles Darwin）：过去有些苹果落下来，另一些飞向外太空。那些飞走的不会繁殖。所以苹果演化到落下来。我不是个地质学家，故而我不了解岩石。

◀ 附录：弯曲时空是何意？

1 当我读中学时，我得到了错误的印象，即坐标的概念起源于笛卡儿。事实上，在托勒密（Ptolemy）的时代，西方的天文学家们肯定就已定义了纬度和经度。在中国，张衡大致与托勒密处于同一时代，据说从观看妇女编织得出了一个描绘天地的坐标系。汉语中表示"longitudes"和"latitudes"的"经"和"纬"指的正是编织中的经线和纬线。

2 对那些知道微积分的读者来说，"非常小"意味着小到实际上趋近于零。

3 实际上其他几个古文明也是知道的，包括巴比伦、中国和埃及。

4 当然，法国人坚持认为 φ_P 应该被设为 0，但不幸的是，在确定这些事情的时候，英国人的势力更强大。

5 我不担心额外的技术性问题，即 $d\theta$ 可能是负的，而距离通常被理解为是正的。这个问题已被解决了，因为在本附录后续给出的推广毕达哥拉斯公式中，所有项都以平方形式出现。

6 对数学上精益求精的读者，$f(\theta)=\cos\theta$，θ 为 0 处被定义为赤道，而 θ 为 $\pi/2$ 处被定义为北极。

7 如果你擅长数学，你就会乐于算出各种度规描述的空间性质。例如，考虑 $ds^2=(dx^2+dy^2)/y^2$，其中 $y>0$。它描述的空间即所谓的庞加莱半平面（Poincaré half plane），具有一些奇异的性质（见 *GNut*, p.67.）。

8 注意，$dy\,dx$ 与 $dx\,dy$ 是一样的，不应被单独计入。

9 这是困难的部分，但也没那么困难。它很容易为大学本科生掌握。我当然知道，因为我教过本科生。

10 郑重其事地讲，我没跟你开玩笑：这比学量子力学容易得多。其中牵涉的数学只是稍微超出点儿这里探讨的范围。

11 见 *Fearful*, *QFT Nut* and *GNut*.

12 历史上，时间坐标被写作 x^4，但后来意识到更明智的办法是写成 x^0。

13 总共有十项，但我懒得全部写出来。我没写出来的那些项都在省略号里。

14 我说"在结构上",是因为在细节上还是有一些明显的差别。首先，$g_{\mu\nu}(x)$ 由十个函数构成，而不是一个函数 $g(t, x, y)$。其次，x 现在是一个代表 (t, x, y, z) 的紧凑符号记法，但这只是因为我们居于三维空间，而湖面是二维的。

15 见 *GNut*, p.6 and p.77.

16 我提这个是为了鼓励你。如果你觉得自己堪与美国一所大型州立大学的聪明本科生一较高下，那么你无疑能学会如何推导出黎曼曲率张量。这是一个在经验上确立了的事实。

| 参考书目 |

Marcia Bartusiak, *Einstein's Unfinished Symphony: Listening to the Sounds of Space-Time*, Joseph Henry Press, 2000.

Brandon Brown, *Planck: Driven by Vision, Broken by War*, Oxford University Press,2015.

Harry Collins, *Gravity's Shadow: The Search for Gravitational Waves, University* of Chicago Press, 2004

Harry Collins, *Gravity's Ghost: Scientific Discovery in the Twenty-first Century*, University of Chicago Press, 2011.

Robert Cowley, *The Collected What If? Eminent Historians Imagining What Might Have Been*, Putnam, 2001.

Albert Einstein, *Out of My Later Years*, 1993.

Richard P. Feynman and Albert R. Hibbs, *Quantum Mechanics and Path Integrals*, Dover, 2012.

Richard P. Feynman, QED: *The Strange Theory of Light and Matter*, Princeton University Press, 2014.

Peter Galison, *Einstein's Clocks, Poincaré's Maps: Empires of*

Time, W. W. Norton,2004.

H. Gutfreund and J. Renn, *The Road to Relativity*, Princeton University Press, 2015.

Daniel Kennefick, *Traveling at the Speed of Thought: Einstein and the Quest for Gravitational Waves*, Princeton University Press, 2016.

Tony Rothman, *Everything's Relative: And Other Fables from Science and Technology*, Wiley, 2003.

Steven Weinberg, *Gravitation and Cosmology: Principles and Applications of the General Theory of Relativity*, Wiley, 1972.

❙ 本书作者的作品：

Fearful Symmetry: The Search for Beauty in Modern Physics, Princeton University Press, 2016.

An Old Man's Toy: Gravity at Work and Play in Einstein's Universe, Macmillan, 1990; later published *as Einstein's Universe: Gravity at Work and Play*, Oxford University Press, 2001 (referred to as Toy or Toy/Universe).

Unity of Forces in the Universe, World Scientific, 1982 (referred to as Unity).

Quantum Field Theory in a Nutshell, Princeton University Press, 2010 (referred to as *QFT Nut*).

Einstein Gravity in a Nutshell, Princeton University Press, 2013 (referred to as *GNut*).

｜跋｜

就在本书英文版付梓之时，2017年度的诺贝尔物理学奖公布了，获奖人是雷纳·魏斯、巴里·巴里什（ Barry C. Barish ）和基普·索恩，他们带领 LIGO 项目通向了其历史性的发现。

■ 三位诺贝尔物理学奖得主的照片 © Molly Riley/AFP/Getty Images.
引自 Getty Images / Photographer: Molly Riley / Collection: AFP.

2017年8月17日，在首次探测到引力波之后不到两年，又一次爆发自两颗中子星合并中的引力波被探测到。中子星不同于黑洞，它会辐射电磁波，故而被编目为 GW170817 的这一事件还被调谐到电磁波谱不同频段的各观测站观测到。"多信使天体物理学"的纪元已曙光微露。

　　长期以来，我们在理论上都知道中子星合并会生成比铁（Fe:26）①更重的元素。这些元素中的一些，比如银（Ag:47）、铂（Pt:78）、金（Au:79）和铀（U:92），在人类的事业中，已经并将继续扮演重要的角色。

---

① 元素符号后面的数字表示相应原子核中的质子数。